生态文明建设丛书

林家彬 顾 问

李家彪 主 编 **王宇飞** 副主编

U0958463

生态责任体系构建：基于城镇化视角

刘成军 著

上海科学技术文献出版社
Shanghai Scientific and Technological Literature Press

图书在版编目（CIP）数据

生态责任体系构建：基于城镇化视角 / 刘成军著．—上海：上海科学技术文献出版社，2021
（生态文明建设丛书）
ISBN 978-7-5439-8416-5

Ⅰ．①生… Ⅱ．①刘… Ⅲ．①生态环境建设—责任制—研究 Ⅳ．① X171.4

中国版本图书馆 CIP 数据核字 (2021) 第 175574 号

选题策划：张　树
责任编辑：苏密娅　姚紫薇
封面设计：留白文化

生态责任体系构建：基于城镇化视角
SHENGTAI ZEREN TIXI GOUJIAN: JIYU CHENGZHENHUA SHIJIAO
刘成军　著
出版发行：上海科学技术文献出版社
地　　址：上海市长乐路 746 号
邮政编码：200040
经　　销：全国新华书店
印　　刷：常熟市人民印刷有限公司
开　　本：720mm×1000mm　1/16
印　　张：12.5
字　　数：210 000
版　　次：2021 年 10 月第 1 版　2021 年 10 月第 1 次印刷
书　　号：ISBN 978-7-5439-8416-5
定　　价：88.00 元
http://www.sstlp.com

丛书导读

生态文明这一概念在我国的提出，反映了我国各界对人与自然和谐关系的深刻反思，是发展理念的重要进步。生态文明建设是建设中国特色社会主义“五位一体”总布局的重要组成部分。其根本目的在于从源头上扭转生态环境恶化趋势，为人民创造良好的生活环境；使得全体公民自觉地珍爱自然，更加积极地保护生态。可以说，生态文明建设是不断满足人民群众对优美生态环境的需要、实现美丽中国的关键举措，也是现阶段重构人与自然关系、实现人与自然和谐相处的主要方式。在新冠肺炎疫情引发人们重新审视人与自然关系的背景下，上海科学技术文献出版社推出的这套“生态文明建设丛书”可谓正当其时。

本套丛书有9册，系统且全面地介绍了当前我国生态文明建设中的一些重要主题，如自然资源管理、生物多样性、低碳发展等。在此对这9册书的主要内容分别作一简短概括，作为丛书的导读。

《自然资源融合管理》（马永欢等著）构建了自然资源融合管理的理论体系。在理论研究过程中，作者们在继承并吸收地球系统科学等理论的基础上，构建了自然资源融合管理的“5R+”理论模型，提出了自然资源融合管理的三种基本属性（目标共同性、行为一致性、效应耦合性），概括了自然资源融合管理的基本特征，设计了自然资源融合管理的五条路径，提出了自然资源融合管理支撑“五位一体”总体布局的战略格局，从自然资源融合管理的角度解释了生态文明建设。

水资源是自然资源管理的难点。《生态文明与水资源管理实践》（高娟、王化儒等著）一册对生态文明建设背景下水资源管理的实践工作进行了系统而翔实的介绍，提出了适应于生态文明建设需求的水资源管理的理论和实践方向。包括生态文明与水资源管理、水资源调查、水资源配置、水资源确权、水资源管理的具体实践等五部分内容，分别介绍了水资源管理的总体概念与核心内涵，水资源调查、配置和确权的关键环节与具体方法，以及宁夏生态流量管理的案例。

《陆海统筹海洋生态环境治理实践与对策》（李家彪、杨志峰等著）一册，主要对建设海洋强国背景下的海洋生态环境治理进行了研究。其中，陆海统筹是国家在制定和实施海洋发展战略时的一个焦点。本册包括我国海洋生态环境现状与问题、典型入海流域的现状与问题、国际海洋生态环境保护实践与策略、陆海统筹海洋生态环境保护的基本内容以及陆海统筹重点流域污染控制策略等。可以说，陆海统筹，其实质是在陆地和海洋两大自然系统中建立资源利用、经济发展、环境保护、生态安全的综合协调关系和发展模式。有助于读者理解我国“从山顶到海洋”的“陆海一盘棋”生态环境保护策略以及陆海一体化的海洋生态环境保护治理体系。

《环境共治：理论与实践》（郭施宏、陆健、张勇杰著）一册重点探讨了环境治理中的府际共治和政社共治问题。就府际共治问题，介绍了环境治理中的纵向府际互动关系，以及其中出现的地方执行偏差和中央纠偏实践；从“反公地悲剧”的视角分析了跨域污染治理中的横向府际博弈，以及府际协同治理模式。就政社共治问题，着重关注了多元主体合作中的社会治理与政社关系，以及当前环境治理中的社会参与情况。基于对国内外社会参与环境治理的长期田野调查，发现社会参与对于化解环境危机具有不可忽视的作用，社会参与在新媒体时代愈加活跃和丰富。这对于构建现代环境治理体系既是机遇也是挑战。

《生态文明与绿色发展实践》（王宇飞、刘昌新著）一册主要从政策试点入手，以小见大，解释了我国生态文明建设推进的一个重要特点，即先通过试点创新，取得成效后再向全国推广。本书主要分析了低碳城市试点、国家公园体制试点以及其他地区一些有典型意义的案例。低碳城市试点是我国为应对气候变化所采取的一项重要措施，试点城市在能源结构调整、节能减排以及碳排放达峰等方面都有探索和创新。这是我国实施“碳达峰、碳中和”战略的重要基础。国家公园是我国自然保护地体制改革的代表，也反映了我国近几年来生态文明体制改革的进程。这部分以三江源、钱江源等试点为案例，揭示了自然保护地的核心问题，即如何妥善处理保护和发展之间的矛盾。最后一部分介绍了阿拉善SEE基金会的蚂蚁森林公益项目、大自然保护协会在杭州青山村开展的水信托生态补偿等案例经验。这些案例很好地揭示了生态环境保护需要依赖绿色发展，要使各方均能受益从而促进共同保护。

《生态责任体系构建：基于城镇化视角》（刘成军著）一册重点关注了城镇化进程中生态问题的特殊性。作者从政府的生态责任是什么、政府为什么要履行生态责任以及政府如何履行生态责任三个方面展开研究。城镇化是一个动态的过程，在此过程中产生的生态环境问题有其独特的复杂性。本书审视了中国城镇化的历史和现状，探讨了中国城镇化进程中的生态环境问题，并将马克思主义关于生态环保的一系列重要思想观点融合到对相关具体问题和对策的分析与论证之中，指出了马克思主义生态观对中国城镇化生态环境问题解决的具体指导作用；对我国城镇化进程中存在的生态问题、政府应承担的生态责任、国内外政府履行生态责任的实践及我国政府履行生态责任的途径等问题进行了论述。

《生态文明与环境保护》（罗敏编著）收录了“大气、水、土壤、核安全、国家公园”五方面内容，针对当下公众关注的污染防治三大攻坚战役、核安全健康与发展、自然保护地体系下的国家公园建设进行了介绍。三大攻坚战部分，分析了大气、水、土壤污染防治的政策、现状，从制度体系构建、技术应用、风险评估等方面，结合具体实践和地方经验，对如何打好污染防治攻坚战进行探讨。核安全部分围绕核安全科技创新、核能发展、放射性药品生产活动监管、放射源责任保险、公众心理学、法规标准等内容对我国核安全领域的重点内容和发展规划进行分析。国家公园体制建设部分，从法律实现、国土空间用途管制、治理模式、适应性管理、特许经营管理等方面探索自然保护地体系下国家公园建立的路径。

《企业参与生物多样性案例研究和行业分析》（赵阳著）主要以“自然资本核算”在不同行业的应用为切入点，系统地介绍了《生物多样性公约》促进私营部门参与的要求、机制和资源，分享了识别、计量与估算企业对生态系统服务影响和依赖的成本效益的最新方法学，并辅之以国内外公司的实际案例，研判了不同行业的供应链所面临的生物多样性挑战、动向及趋势，为我国企业参与生态文明建设提供了多元化的视角和参考资料。

《绿色“一带一路”》（孟凡鑫等编著）围绕气候减排、节约能源、水资源节约等生态环境问题，针对“一带一路”沿线典型国家、典型节点城市，从碳排放核算、能效评估、贸易隐含碳排放及虚拟水转移等方面进行了可持续评估研究。从经济学视角，延伸了“一带一路”倡议下的对外产业转移绿色化及全球价值链绿色化的理论；从实证研究视角，识别了我国企业对外直接投资的影响因素及区位分异特征，并且剖析了“一带一路”倡议对我国钢铁行业出口贸易的影响，解析了“一带一路”沿线国家环境基础设施及跨国产业集群之间的相关性；梳理了全球各国践行绿色发展的典型做法以及中国推动绿色“一带一路”建设的主要政策措施和行动，提出了我国继续深入推动绿色“一带一路”建设的方向和建议。

“生态文明建设丛书”结合了当下国内外最新的相关理论进展和政策导向，对我国生态文明建设的理念和实践进行了较为全面的解读和分析。丛书既反映了我国过去生态文明建设的突出成就，也分析了未来生态文明建设的改革趋势和发展方向，有比较强的现实指导意义，可供相关领域的学术研究者和政策研究者参考借鉴。

林家彬

2021年8月

前 言

城镇化是一个国家或地区经济发展过程中的必经阶段。对于我国而言，城镇化是带动国民经济发展、缩小城乡差距、全面建成小康社会、实现中华民族伟大复兴的重要举措，具有非凡的战略意义。近年来，我国城镇化一直保持着快速发展的势头，正进入城镇化快速发展的关键时期。然而，受传统城镇化模式影响，我国城镇化进程中生态环境问题层出不穷，一些地区日益严重的生态环境问题已成为城镇化进一步发展的障碍。政府作为公共权力部门，是正式制度的唯一供给者，也是城镇化进程中解决生态环境问题的领导者、组织者和管理者。只有政府才有能力协调社会各集团之间的利益分配，科学合理地规划城镇化发展的方向及道路，并利用经济手段、行政手段以及法律手段等从根源上解决城镇化进程中的生态环境问题。因此，转变政府理念，使政府在城镇化进程中切实履行生态责任，是解决城镇化进程中生态环境问题，实现城镇化可持续发展的必然选择。

本书从我国城镇化建设的视角，探究我国城镇化进程中政府应该承担哪些生态责任，在履行生态责任中存在哪些失责，并提出政府履行生态责任的对策。

目　录

引　言

一、问题的缘起

我国城镇化率继2011年首次突破50%以后，2019年已达到60.60%，标志着我国城镇化迈入了前所未有的新阶段。然而，伴随着城镇化的发展，生态环境问题层出不穷，严重制约着我国城镇化的进一步发展。客观来看，我国城市环境问题较之农村更为严重，城市环境污染、农村山清水秀是人们普遍的认知，这是因为，我国城镇化进程在过去一段时间内走的是粗放式发展之路，对于生态保护和建设缺乏足够的重视，快速的城镇化造成一些地区以牺牲生态环境和自然资源为代价，极大地影响了地方经济持续、健康和稳定的发展。据我国环境保护部统计，目前中国三分之一的国土被酸雨侵蚀，七大江河水系中劣五类水质占41%，四分之一的人在饮用不合格的水，三分之一的城市人口呼吸着污染的空气，城市垃圾无害化处理不足20%，工业危险废物处置率仅为32%。

图0.1　城市污水未经处理排放

图0.2　城市空气污染严重

城镇化是一个国家或地区经济发展中的客观必然选择，是中国经济发展进程中不可回避的重要阶段，也是我国促进广大农村地区经济迅速发展、全面建成小康社会的重要举措，具有重要的战略意义。2000年10月，党的十五届五中全会审议通过的关于国家“十五”计划的建议提出：“随着农业生产力水平的提高和工业化进程的加快，我国推进城镇化条件已渐成熟，要不失时机地推进城镇化战略。”2005年9月29日，中共中央政治局集体学习，专门研讨国外城市化发展模式和中国城镇化道路。2012年，党的十八大报告中明确提出要走新型城镇化道路，并指出城镇化是扩大内需最雄厚的潜力所在，也是经济结构调整的重要内容。2014年，《国家新型城镇化规划（2014—2020年）》单行本发行，按照走中国特色新型城镇化道路、全面提高城镇化质量的新要求，明确城镇化的发展路径、主要目标和战略任务，统筹相关领域制度和政策。

解决城镇化进程中的生态问题是一项复杂的系统工程。城镇化的发展一般伴随着土地的占用、人口的转移、工业化的发展、资源的开发利用以及能源的消耗等，这在不同程度上不可避免地带来了水污染、大气污染、资源枯竭和废弃物增多等问题。这些生态问题如果不能得到及时、有效的解决，必将阻碍城镇化的进一步发展。如何在我国城镇化快速发展的同时，有效解决城镇化进程中的生态问题，是摆在我国政府面前迫切需要回答的问题。

政府作为城镇化发展的主导者、规划者和实施者，对于城镇化进程中解决生态环境问题发挥着至关重要的作用。作为公共权力部门，政府是正式制度的唯一供给者，也是城镇化进程中解决生态问题的领导者、组织者和管理者。只有政府才有能力协调社会各集团之间的利益分配，科学合理地规划及确定城镇化发展的方向和道路，并充分利用经济手段、行政手段以及法律手段等从根源上解决城镇化进程中的生态环境问题。而一直以来，政府对于城镇化的管理多以安全、稳定和经济发展为目标，考虑生态环境因素偏少。如何转变政府理念，将生态责任嵌入城镇化进程中政府责任中？在城镇化进程中政府应该负起什么样的生态责任？怎样承担生态责任？对这一系列问题的回答构成了对政府的生态责任进行研究的理论意义和现实价值。

图0.3　新型城镇化对城市各区域进行科学规划

二、研究现状评述

（一）国内研究现状

1. 关于城镇化和政府的生态责任的概念

（1）关于城镇化的概念。在我国，关于城镇化概念的研究，主要围绕“城镇化”是否等同于“城市化”展开。在国内有以下三种基本观点：第一，“城镇化”等同于“城市化”。武汉大学辜胜阻在2010年《大都市与中小城市协调共进的均衡城镇化研究》一文中提出：“城市化是指人口向城市的集中过程，农村城镇化、非农化，是农村人口向县城范围内的城镇集中和农业人口就地转移为非农业人口的过程。”大多数学者认同这一观点。第二，“城镇化”与“城市化”是近义词。中国社会科学院农村发展研究所研究员党国英2010年在《正确认识“城镇化”》一文中提出，“城市化”与“城镇化”两个提法，“二者没有根本性区别，如果翻译为英语，二者是一回事”。华中师范大学教授项继权2010年在《城镇化的中国问题及其解决之道》中也提出：“‘城镇化’与‘城市化’是同义语，是对外来语‘Urbanization’一词的不同译法。Urbanization是人口从农村向各种类型的城镇居民点转移的过程。”第三，“城镇化”是中国特色的“城市化”。国家行政学院教授张占斌2013年在《新型城镇化的战略意义和改革难题》中明确提出：“外国的或者一般而言的‘Urbanization’称之为‘城市化’，中国的‘Urbanization’则称为‘城镇化’。”北京师范大学教授沈越2001年在《21世纪城镇化与“三农”问题》中明确提出：“城镇化战略实际上是有中国特色的城市化道路。”2005年9月29日中共中央政治局集体学习的研讨题目《国外城市化发展模式和中国城镇化道路》中，已经蕴含着“城镇化”就是中国特色的城市化之意。还有很多学者认为，城镇可以泛指市和镇，城市也含城镇的意思，但我国的城镇量多面广，从我国国情和科学含义看，运用‘城镇化’比‘城市化’词语更为准确、严密，主张用‘城镇化’的概念取代‘城市化’，以示中国城市化道路的特殊性。

综上所述，学术界关于城镇化概念的争论焦点主要在于“城镇化”是否等同于“城市化”。笔者认为，二者为相同概念。城镇化与城市化的主旨都是农村转变为城镇，伴随这一过程，整个社会面貌，包括经济、政治、文化和生活方式等诸多方面实现非农化。又因本书是在城镇化背景下研究政府的生态责任，因此，不对“城镇化”与“城市化”做过分苛刻的区别，所有关于“城镇化”与“城市化”的优秀研究成果都可加以借鉴，本书中“城镇化”和“城市化”没有本质的区别，是等同的概念。

（2）关于政府的生态责任。黄爱宝教授2007年在《责任政府构建与政府生态责任》一文中，从责任政府框架的构建引入政府生态责任内涵。他认为，“政府生态责任应当是指在民主和服务价值理念指导下，以追求与实现自然生态平衡和稳定或人与自然的自然性和谐作为价值目标，在特定的生态责任制度安排中，与特定机构与职位相联系的义务和职责”。李鸣教授2007年在《生态文明背景下环境管理机制的定位与创新》中认为，“政府生态责任是在生态文明时代，在责任政府的现代化背景中，政府对于保持良好的生态环境应承担的责任”。龙献忠教授2010年在《政府生态责任与臻善》一文中认为，“政府生态责任是政府在科学发展观的指导下，通过经济、行政、教育、法律等手段，积极地履行其在生态保护领域的应尽义务与法定职责，从而满足可持续发展的需要”。

2. 关于城镇化进程中政府生态责任的理论基础

第一，新公共管理理论。1976年，胡德在《行政的限度》中第一次提出新公共管理理论，提出政府部门要有明确的绩效标准和绩效评估，更加注重资源使用上的纪律与节约等七大原则。1992年，美国副总统的高级顾问奥斯本在《改革政府》一书中进一步完善了新公共管理理论，指出政府应该是有预见性的政府，对于社会问题是预防而不是治疗；是起催化作用的政府，掌舵而不是划桨等十大基本原则。其后，经过巴泽雷等人的发展形成了完整的新公共管理理论。新公共管理的核心在于公共性，突出强调管理主体多元化，管理导向社会化，公共服务市场化等。国内一些学者认为新公共管理理论反映了全球化、信息化和知识经济时代对政府管理所提出的新要求，对我国行政理论和改革实践产生了不可忽视的影响。新公共管理思想以现代经济学和私营企业的管理理论与方法作为自己的理论基础，主张在政府管理中采纳企业化的管理方法来提高管理效率，在公共管理中引入竞争机制来提高服务的质量和水平，强调公共管理以市场或顾客为导向来改善行政绩效。新公共管理理论中的效率原则、分权原则与去官僚化原则等对于构建政府生态责任有极其重要的借鉴意义。

第二，现代政府理论。2006年朱光磊出版了《现代政府理论》，在构建政府范式这一探索中，对中国政府范式提出了几个方向：法治型政府、责任型政府、有限型政府。

法治型政府根源于法治和人治这两种政治治理方略之争。法治型政府是指政府机构的设立与运作，包括行政立法和决策在内的政府整体行为与个体执法行为都是合法化、合理化、规范化的政府。建设法治型政府就是对公民基本权利的承认和保护，政府要严格依据宪法和法律活动，政府在行驶公共权力的过程中要受到宪法和法律的约束，政府还要严格贯彻法律优先和法律面前人人平等原则，做到依法行政。我国学者认为，现代社会法治是限制公共权力随意性的重要武器和制度保障，法治比人治好。

责任型政府起源于资产阶级契约论观点，按着契约论的逻辑，政府的公共权力源于人民，公共权力是人民在进入社会后为了保障自身的自由和财产而出让自己自然权利的结果。朱光磊认为政府责任有两个方面：一个是积极意义上的责任，即主动地在宪法和法律的框架下运用公共权力发现、界定、完成和执行公共利益的责任；另一个是消极责任，即为自己的行动后果负法律责任、道德责任和行政责任。责任型政府就是造就一个既能积极承担实现公共利益，为人的发展和社会的发展创造环境的责任，又要对自己的行动后果负法律责任、行政责任以及道德责任的政府。

有限型政府是与全能政府相对的政府理论形态，有限型政府的基本准则是市场优先原则，市场是涵盖社会经济生活的基本运行规则，政府机制只是在市场失灵的领域起作用。有限型政府理论认为，政府的能力有限、政府职能有限及政府的责任有限。政府的职能是有限的，而且权力也是有限的，因而政府所担负的责任也应该是有限的，政府只是承担政府职能范围内的责任。

服务型政府是指在民主政治的框架下，通过法定程序，按照公民意志组建起来，以为公民服务为宗旨，实现服务职能，承担着服务责任的政府。服务型政府内涵丰富：它是坚持公民本位、以人为本的现代政府；是坚持主权在民的民主政府；是以服务公共利益、承担公共责任的责任政府；是权力受到约束的法治政府，也属于有限型政府。

第三，可持续发展理论。1987年，布伦特兰夫人在世界环境与发展委员会的《我们共同的未来》中正式提出可持续发展概念。即“既满足当代人的需要，又对后代人满足其需要的能力不构成危害的发展”。目前，我国关于可持续发展理论主要有两个侧重点，一是关于可持续发展的内涵，二是关于可持续发展的特征。

可持续发展的基本含义包括：可持续发展是标志人类文明史进入一个新阶

段的发展观和发展模式，它的前提是发展，但这是一种与传统发展观截然不同的新的发展观；可持续发展强调社会、经济、资源和环境等多因素间的协调性；可持续发展强调资源占用和财富分配时空公平，即要求较好地把眼前利益和长远利益，把局部利益和全局利益有机统一起来。北京大学可持续发展中心叶文虎，北京大学杨开忠、孔爱娟等一致认同此观点。

中国科学院研究组认为，可持续发展能力包括发展度、协调度和持续度三大特征。牛文元等人认为，可持续发展能力是一个特定系统在规定目标和预设阶段内可以成功地将其发展度、协调度、持续度稳定地约束在可持续发展闭值内的概率，即“一个特定的系统成功地延伸至可持续发展目标的能力”。

3. 关于城镇化进程中生态问题的原因

一是城镇化发展理念落后，缺乏科学发展观。缪细英2011年在《生态文明视野下中国城镇化问题研究》一文中认为，“我国城镇化存在着认识的误区，把城镇化等同于城市建设，大面积乱批乱占土地，大兴土木，把城镇化错误地理解为土地非农化，任意扩大用地规模，没有将生态问题列为城镇化发展的一部分，引起生态失衡”。毕正华2007年在《农村城镇化与生态问题研究》中指出，传统的发展观偏重于物质财富的增长，忽视人的全面发展和社会的全面进步，简单地把国内生产总值（GDP）的增长作为衡量经济社会发展的核心指标，忽视人文的、资源的、环境的指标，简单地把自然看作是人类生存和发展的索取对象，忽视自然界对人类生存发展的基础地位。多年来，我国的环境保护和生态建设始终未走出“边建设边破坏，建设赶上破坏”这一怪圈。

二是城镇化发展模式粗放。廖福林2011年在《城镇化发展与城镇生态环境建设研究》中指出，传统城镇化发展模式对我国资源、能源等物质要素构成巨大压力。徐秀英指出，我国城镇化过分依赖资源投入，依靠资源、能源实现城镇化发展。城镇化发展消耗资源过多，没有将科学技术作为城镇化发展的依靠。

三是环境基础设施滞后。赵慧珍2005年在《城镇化进程中的生态效应分析》中认为，目前我国城镇基础设施建设中的一个严重偏向是重视道路、供水、供电等生产性基础设施建设，忽视污水处理、垃圾处理等环境基础设施发展，这是造成城镇生态恶化的重要原因。叶德文2002年在《加快城镇生态环境建设，促进城镇化的可持续发展》中指出，城镇环境基础设施不配套，功能不健全。由于城镇供排水系统、污水处理厂、垃圾无害化处置场等一些必备的环境基础设施建设严重滞后，城镇功能不健全，与城镇化发展极不协调。

图0.4　城市环境基础设施滞后

四是城镇规划欠科学。齐新华2006年在《我国农村城镇化过程中生态安全问题》中指出，目前我国大多数城镇建设缺乏科学的规划，缺乏整体性和长远性，造成环境破坏和资源的严重浪费。在我国城镇建设中普遍存在规划滞后问题，甚至出现边建设边规划，导致建设起点不高，用地分布不合理，整个城市功能布局、用地平衡、资源配置等均处在模糊的状态。城镇规划变成了一种反生态游戏，成为加剧资源浪费、景观单调、环境污染等的万恶之源。过度改造旧城、乱拆古建筑，使自然、历史文化遗产和生态环境受到严峻挑战。郑昭团从环境规划角度指出，环境规划滞后，引发了城镇化进程中的生态问题，目前，我国除了个别城市外，绝大部分的小城镇没有专门制定环境保护规划。一些已制定环境保护规划的，在城镇建设过程中也没有得到有效实施。同时，城镇环境保护规划的制定和实施缺乏法律监督和保障。

五是产业结构失衡，工业“三废”问题突出。缪细英2011年在《生态文明视野下中国城镇化问题研究》中指出，“当前中国城镇化过程中面临的生态环境危机，很大程度上是由产业结构不合理造成的。长期以来，我国城镇产业结构的主要问题是第三产业的发展落后于结构偏重、高能耗、高排放的第二产业(例如我国第二产业能源结构中燃煤占70%以上，而燃煤是总悬浮颗粒物、二氧化硫与酸雨等城市空气污染产生的最主要原因之一)"。毕正华2004年在《农村城镇化产生的生态环境危害及成因分析》中指出，我国企业往往忽视了环境规划和治理。我国乡镇企业规模小、分布散，"三废"随意排放，难以集中进行污染治理，造成外部规模不经济。时丽艳指出，不少城镇为了加快发展，往往不加选择地引进工业项目，甚至对陈旧设备和落后的工艺也照样引进。一些大中城市为了摆脱污染严重的困境，将一些污染严重的工业逐渐向农村转移，更加剧了对生态环境的破坏。

六是固有城乡二元结构。岳正华2004年在《农村城镇化过程中的生态环境问题研究》中指出，由于长期固有的城乡二元结构，随着我国城镇化的推进，农村人口向城镇集中，随之而产生的有机排泄物和其他废弃物不仅量大而且集中，又不能有效进入农田生态系统，这样就割裂了有机排泄物及废弃物与原来的农田生态系统的联系，造成了环境污染，生态恶化。

4. 关于政府生态责任的缺失

第一，缺乏生态意识。我国学术界把生态意识的匮乏作为我国政府生态责任缺失的一个首要方面。清华大学卢风教授2004年在《论环境哲学研究的现

图0.5　城市发展需科学规划

状和走向》一文中认为，“理念在文化中起的作用是最重要的，人们的信念不同，其生命追求就不同”。一个具有生态价值观念的官员会促进该地区生态建设。改革开放以来，随着我国经济建设的发展，人们的思想观念也随之变化，工业文明时代陈旧的发展观导致以GDP的极速增长为首要目标，基本思路是重经济、轻生态。姜春云同志2003年在《中国生态演变与治理方略》一书中认为，“思想是行动的先导，尽管我国的生态文明建设有了可喜的进步，但是还有相当多的人的思想观念仍然停留在传统工业文明时代”。多数学者对于一味追求GDP的政绩观，缺乏可持续发展的价值观批评颇多，“在环境污染和企业发展中，官员一般倾向于支持企业忽视环境，以资源的高消耗、环境的重污染换取经济的高增长”。

第二，考核标准不完善。周庆行教授2008年在《生态责任：政府责任的新思考》中认为，“政府现在很少将生态保护指标纳入政绩考核标准体系，客观上导致地方政府对生态问题的漠视。建立一套包含生态考核指标的征集考核指标体系非常重要，迫切需要用他指导政府官员的行为”，“我国对地方政府行政官员的考核体系中，当地经济发展占了很大的比重，考核体系的主体是GDP，在评价考核领导干部时，过于偏重经济指标而较少考虑对资源环境的破坏”。一些学者提出了建立绿色GDP的概念，但对于绿色GDP的推崇仍然是把GDP放在了首要的位置上，应该建立的是更全面更系统的政绩考核标准，使官员的发展观和政绩观实现根本上的变革，真正地造福于百姓。

第三，问责体系不健全。龙献忠2010年《政府生态责任与臻善》中认为，虽然中华人民共和国环境保护法第16条规定：地方各级人民政府，应当对本辖区的环境质量负责，采取措施改善环境质量。但对于如何采取措施改善环境质量以及没有改善环境质量应如何确定并追究责任则没有相应的规定，并且行政问责多集中于比较重大的事故，而对于地方政府许多环境不作为而导致生态破坏、环境质量下降的情况则无人问津。王蓉丽2008年在《论政府生态责任机制的构建》中认为，尽管我国早已经规定各级人民政府对所辖区域的环境质量负责，但是由于没有建立相应的决策责任追究制度，对包庇、纵容、放任环境违法行为和决策错误导致辖区生态恶化的地方政府领导，对不履行环保职责的有关部门负责人和环保执法人员如何追究责任，缺乏具体规定，导致很多地方政府未能切实履行生态责任。

第四，监督机制不完善。许艺豪2011年在《论我国政府生态职能的重构》

中认为，我国政府生态责任监督机制不完善，一是没有明确法律法规授予社会力量对政府生态责任监督的权利，更无详细明确的操作方法；二是许多地方政府办事信息不公开，社会力量对某些破坏生态的行为在事前无从知晓，使其丧失了进行监督的基本能力。而真正实施的监督行为多集中于事后的惩治，而非事前预防与事中控制。姚海娟2011年在《政府生态责任的缺失与重构》中认为，长期以来，我国的决策权力监督体制体现了自上而下的特征，即上级监督下级，官员监督民众或企业，相反自下而上的决策权力监督机制处于真空地带，因而对地方政府及其主要官员的监督就显得十分薄弱。并且，在一些地方政府部门，由于受地方保护主义观念的影响，导致了在决策与管理中置国家利益于不顾，以牺牲生态环境为代价，造成了少数地方政府生态责任的缺失，而地方官员发展观和政绩观的错位，也进一步地导致他们在现实公共事务管理中以传统的经济发展观为主旨，一味地追求经济的高增长而走入单纯追求"GDP"的盲区中，也就造成了严重的生态环境问题。

第五，环境保护法律法规的滞后。我国从1973年召开中国第一次环境保护会议起，环境保护的相关法律不断完善，但是在众多的文献中学者们对于我国环境保护相关的法律法规仍然有一些意见和建议。蔡守秋教授在《论政府环境责任的缺陷与健全》中认为，在我国环境法制建设中产生政府环境责任问题的原因虽然包括政府环境责任法律制定和法律实施等方面，但比较而言，有关政府环境责任法律本身存在的缺陷或问题是最重要、最根本的原因，同时文中提到了我国现在的环境法律失灵也是摆在政府面前的重大课题。也有学者认为，虽然我国有关环境保护的法律法规已制定了很多，但因为地方保护主义严重，对环境违法行为的处罚普遍较轻，且没有引入刑事责任，造成了环保执法艰难的局面。也有学者认为，我国现有的环境资源法律法规，立法零散，实用性不强，缺乏有效的生态环境建设规划制度，在实施过程中具有很大的盲目性和随意性。

第六，政府与企业及非政府组织（NGO）生态权责关系模糊。龙献忠2010年《政府生态责任与臻善》中认为，政府、企业、NGO三者如果能在生态保护工作中互相合作，明确责任，有机整合起来，势必发挥巨大的合力，许多棘手的生态问题也将迎刃而解。但就目前而言，三方合作并不密切。即使有合作也通常只限于少数大型与官方挂靠的NGO，大多数中小型民间组织由于受严格的准入政策影响，难以与政府开展有效的合作。

5. 关于完善政府生态责任的途径

一是提升政府生态责任意识。张邦辉2006年《树立科学发展观，强化政府生态责任》一文中认为，树立生态行政观要求政府在对公共事务进行管理的过程中，树立生态环境保护意识，主动担负生态保护的责任。长期以来，一些地方政府和领导者为了追求政绩，盲目攀比GDP，缺乏对生态环境的保护，把GDP的增长作为政绩考核的主要依据，而弃自然资源破坏、生态环境恶化于不顾，最后导致经济的畸形发展，生态环境日趋恶化。因此，要转变政府行政职能，树立生态行政观。陆畅2012年在《生态文明水平的提高与政府的生态责任》中认为，提高政府的生态责任意识，将提高生态文明水平作为政府的主要价值取向。各级政府必须切实将生态文明建设作为首要工作来抓，将政府对生态的监管责任落实到政府工作的各个环节。政府要将生态文明建设和生态文明水平的提高作为自己工作的出发点，树立生态价值理念。

二是建立绿色政绩考核机制。龙献忠2010年在《政府生态责任与臻善》一文中认为，“传统的政绩考核体系令我国创造了GDP年均增长9%且在总量上不断超越西方各发达国家的美好画面，然而我们创造的全球4%的GDP是以消耗大量不可再生资源换来的，还有很多无法估量的生态环境成本。所以，要构建政府生态责任，必然要改变传统的唯GDP至上的政绩考核体系，而推行一套以生态保护为指向的绿色政绩考核体系”。吴兴智2010年在《生态危机与我国生态型政府建设》一文中指出，生态文明建设的提出，迫切需要创新政府绩效考核体系，强化政府的生态责任追究机制，将科学发展观和可持续发展理念真正落到实处。实行功能区划分和分类考核相结合的方式，完善以生态型产业发展和生态保护为重点的生态文明建设考核体系。探索以绿色GDP为主导，尝试把土地、矿产、水资源、森林资源、环境污染等损失，综合纳入GDP增长范畴的绿色综合考核体系。把二氧化碳的排放增减量纳入经济社会发展规划中，并且作为约束性的指标加以考核。改进考核方式，构建多维度的考核网络。要紧紧把握经济效益与社会效益及生态效益相结合的原则，将反映民计民生、社会进步、生态建设的指标，充分纳入政务考核目标，强化绩效考核的权威性和导向性。

三是强化政府生态责任问责制度。谢中起2010年在《生态视域中的政府责任》中认为，“政府作为承担生态责任的第一责任主体，理应在公共管理所有涉及生态环境领域的事务中担负主要责任，而现行状况下，建立健全政府环境责任的体系和制度是保证和强化政府生态责任的当务之急，建立健全生态问责制，又是重中之重。按照一定的程序，对政府生态责任的履行情况进行检查和考评，对因为行政不作为而造成生态责任缺失的地方政府、政府主要负责人、分管环保工作的负责人、环保行政主管部门负责人以及肇事企业负责人等相关责任人追究失职责任”。陆畅2012年在《生态文明水平的提高与政府的生态责任》中认为，“依据生态文明建设的具体要求，按照一定的程序，对政府生态责任的履行情况进行检查考评，对因为行政不作为而造成生态责任缺失的地方政府、政府主要负责人、分管环保工作的负责人、环保行政主管部门负责人以及肇事企业负责人等相关责任人追究相应的法律和行政责任。对达不到相应责任要求、违反职能规定、对生态环境保护与建设不作为、乱作为的政府领导实施责任追究，可以有效提高政府各部门对生态文明职能的重要性的认识，并提高生态文明建设的效率与效果”。

四是建立广泛有效的监督机制。龙献忠2010年在《政府生态责任臻善》中指出，监督机制是确保政府履行生态责任的最后一道屏障。要从监督主体的广泛性与监督程序的完整性来确保监督机制的有效性。在监督主体上，要让环境监察机关与社会公众共同执行对政府生态责任的监督。要建立完整的生态问责体系以确保环保部门在生态环境监察中的权威性，要加强环境监察领域的公众参与。在监督程序上，由于环境问题不可逆性的特性，一定要重视、强化生态领域的事前预防与事中控制。王蓉丽2008年在《论政府生态责任机制的构建》中认为，加强对各级领导干部执行生态、环境、资源的法规情况的监督监察。还要建立生态治理的多元主体参与机制，确保严格的生态责任监督。通过建立生态信息共享机制，公众参与会议制度，环境污染案例听证会等形式增强环保工作的透明度，保证公民生态信息的知情权和参与权，实现公众对环保行政执法部门的民主监督。

五是完善生态环保法律体系。张邦辉2006年在《树立科学发展观，强化政府生态责任》中指出，从国际社会来看，政府可以通过法律制度手段来纠正生产和消费中的环境外部性，使环境资源得到合理利用。现阶段我国政府应该不断完善现有的法律制度，加快研究新的法律制度。环境保护税收制度、环境保护收费制度、环境保护奖励制度、排污权交易制度、环境损害责任保险制度等法律制度的建立应该提上日程，使得环境行政法律法规能覆盖生态环境保护的方方面面，以便能更好地为我国经济和社会的可持续发展服务。李晶2007

年在《略论现代政府的生态责任》中指出，完善政府的生态责任要根据国际环境保护立法的趋势和生态环境保护的具体要求，逐步完善现行的资源管理和环境保护的法律法规，消除在生态保护等方面存在的立法空白，增强法律的可操作性。建立环境战略评估制度，对各项经济活动进行生态保护、资源利用方面的战略评估和预测，有效地阻止资源环境破坏行为的发生。

六是理顺政府、企业和非政府组织（NGO）在生态环保领域权责关系。龙献忠2010年在《政府生态责任臻善》中指出，政府能否有效利用与整合社会力量，开展生态保护领域的合作，将成为生态文明建设能否取得重大进展的关键因素。各地政府或环保部门应成立相应的协调机构，对企业、NGO在生态保护领域所做工作进行管理和协调，对其工作成果进行考评并实施奖惩。同时，该协调机构也可作为政府与企业、NGO在生态保护领域的合作平台，确保三方合作的规范性、持久性和稳定性。

（二）国外研究现状

1. 关于城镇化的概念

国外学者关于城镇化概念的研究倾向于从自己的专业角度定义城镇化。

社会学认为，城镇化是一个城市性生活方式的发展过程，它意味着人们不断被吸引到城市，并被纳入城市生活组织中去，而且还意味着随城市发展而出现的城市生活方式的不断强化。路易斯·沃思提出了从社会学角度建立城市研究的三个方面的结构：第一，包括人口、技术、生态秩序的物质结构；第二，典型的社会结构，包括一系列的社会制度，典型的社会关系的社会组织的结构；第三，一系列的态度和概念乃至典型的集体行动，加上城市机构的社会统治下的一系列的个性结构。

人口学认为，城镇是有一定人口规模、并以非农业人口为主的集居地，是聚落的一种特殊形式，城镇化就是农村人口逐步转变为城镇人口的过程。苏联人口学家基谢廖夫提出："城市是由工业、交通、居住、文化教育以及其他部分组成的、在居民数量上有一定要求的专门系统。"

地理学认为，城镇化是居民聚落和经济布局的空间区位的再分布，并呈现出日益集中化的过程。更具体地说，第二、三产业在具备特定地理条件的地域空间集聚，并在此基础上形成消费地域，其他经济、生活用地也相应建立，多种经济用地和生活空间用地集聚的过程就是城镇化的过程。

此外，还有生态学、军事学、政治学、历史学等学科从不同的角度对城镇和城镇化进行了诠释。

2. 关于政府生态责任的理论基础

国外学者对政府环境责任问题的研究主要集中在两个方面：一是在完善环境保护法制的前提下，重视对政府环境保护执法问题的研究；二是随着管制经济学的兴起，更加重视在技术操作层面对环境管制手段加以改进。

基于政府环境执法角度的研究：环境保护的执法问题逐渐成为国外学者研究政府环境责任的一个重要切入点。概括地看，国外学者和政府对环境执法问题的研究重点主要体现在以下几个方面：一是重视公众的参与和监督。美国学界和政府普遍重视行政信息公开制度。二是普遍主张加大对环境违法行为的行政处罚力度。三是注重提高行政执法效率，并且重视环境保护法律法规的具体化和可操作性的研究。

基于政府环境管制角度的研究：20世纪初，一些西方学者针对人们关于环境问题和经济增长前景的担心这一问题，用经济学的相关理论为分析工具，对环境问题开展经济学分析。其中，意大利学者帕累托1896年在《政治经济学讲义》中提出的“帕累托最优”理论，是指资源配置的一种理想状态，主张公平与效率的理想王国。对后来由经济学家马歇尔和庇古等创造的外部性理论具有显著的奠基性作用。西方学者对政府生态责任的研究主要体现在以下三个方面：

第一，庇古税。针对工业化所造成的环境严重污染的局面，英国福利经济学家阿瑟·庇古于20世纪30年代率先提出了征收污染税的思想。1920年在《福利经济学中》认为，由于商品生产过程中存在社会成本与私人成本不一致的问题，这种不一致不可能通过市场来自行解决。此外，他强调可以根据排污者造成的危害大小对其进行征税，通过税收的方式来弥补私人成本和社会成本之间的差距，实现二者的相等。

第二，产权理论。1960年，经济学家科斯在其重要代表作之一《社会成本问题》中明确提出生态产权市场的理论。科斯认为，只要交易成本为零，明确的产权界定都会达到帕累托最优，而不同产权的分配方式不会影响资源的配置，即任何产权分配方式都导致帕累托最优状态，此即著名的科斯定理。科斯亦针对庇古提出的排污收费制度发表了批评性看法，他认为依靠征收“庇古税”这一外部性治理的传统的政府管制方法限制了经济选择，明确产权和产权自由交易在外部性控制中具有重大意义。产权经济学家认为，“产权不是指人与物之间的关系，而是指有物的存在及关于它们的使用所引起的人与人之间相互认可的行为关系。埃莉诺·奥斯特罗姆通过对公共池塘资源治理问题的经验研究，提出了公共事物自主组织和自主治理的新的集体行动理论。在她看来，让公共池塘资源保持原来的状况，由资源的使用者自己来设计出最合适的管理制度，这种想法在现实中已多有存在，而且还经常能发展出用于解决利益冲突的决策和精密执行机制，从而使公共池塘资源得到合理使用和有效管理。

第三，外部性理论。著名经济学家马歇尔1910年在《经济学原理》中首先提出“外部性经济”这一概念。1920年，他的学生庇古在发展福利经济学理论时，对私人厂商生产所造成的环境破坏使社会福利受到损失及经济的外部影响进行了研究，并得出一个环境经济学的重要命题：“人类合理的生产活动意外地对环境引起了与市场没有直接联系，又与被影响各方面没有直接财务关系的经济效果。”经济学的相关分析表明，负外部性的存在导致产生这种负效应的商品供给过多、价格过低，而市场机制无法解决这个问题，因为外部成本无法通过市场纳入企业的成本计算之中。如果把市场失灵同环境物品和服务相联系，则可认为市场失灵表现在同污染、资源开发和生态破坏相关的外部性，以及通过市场力量提供作为公共产品的环境质量的数量不足，而环境污染则是最主要的一种外部性。正是因为外部成本无法通过市场机制纳入企业的成本计算之中，所以污染控制和环境保护问题始终是一个相当难以有效解决的难题，我们正在承受着环境污染的代价和大自然的惩罚。在这种情况下，政府必须对产生环境污染的商品的生产加以规制，主动承担起环境治理的责任。

总的来说，国外学者对于政府环境责任问题的研究更多地从行政法学和政府经济学的角度展开，对于行政立法、行政执法、政府规制等问题的关注较多，而且形成了一些有价值的研究成果。不过，国外学者的聚焦点主要侧重于政府的法律责任方面，而对于政府环境责任中的政治责任、行政责任和道德责任都研究得较少。

3. 生态学派关于城镇化的论述

第一，田园城市理论。英国社会活动家埃比尼泽·霍华德（Ebenezer·Howard）在1898年10月出版的《明日：一条通向真正改革的和平之路》(该书从1902年发行第二版起书名改为《明日的田园城市》）中提出田园城市理论。其主要内容是针对当时英国大城市发展中所面临的突出问题，提出建设一种兼有城市和乡村所长的理想城市，实现城乡一体化。霍华德指出：“事实并不像通常所说的那样只有两种选择：城市生活和乡村生活，而有第三种选择，可以把一切最生动活泼的城市生活的优点和美丽，愉快的乡村环境和谐地组合在一起。”霍华德主张在城市的远郊建设一些地理上独立的小镇，镇上有工业、商业和其他工作岗位，居民可以就地工作和居住生活，这样将大城市的部分人口疏散到这些小镇以减轻大城市的压力和负担。这些在城市外围建立的若干小城镇就是“反磁力中心”，它们在分散中心城市压力的同时也将中心城市的扩散效应传输到周围腹地，深化了城市化的进程。

第二，卫星城市理论。1915年，美国学者台衣拉在他的著作《卫星城镇》一书中认为，围绕大城市建起来的田园城市在形式上有如围绕在行星周围的卫星。1924年，在阿姆斯特丹召开的国际城市会议上，提出了建设卫星城是防止大城市病的一个重要方法，并明确了卫星城的定义：卫星城是一个经济上、社会上、文化上具有现代城市性质的独立城市单位，但同时又是从属于某个大城市的派生物。

第三，有机疏散理论。针对城市过分集中所产生的弊端，美国著名建筑学家伊利尔·沙里宁（E·Saarinen）在1942年出版的《城市：它的生长、衰退和将来》一书中提出有机疏散理论。有机疏散理论主要观点是：城市要实现可持续发展，必须有良好的城市结构，这种结构既要符合人类聚居的天性，便于人们过共同的社会生活，又不脱离自然。城市是一个有机体，其内部秩序实际上和有生命的机体内部秩序是一致的。为了使现有的城市免趋衰败，必须对城市从形体上和精神上全面更新，按照有机体的功能要求，把城市的人口和就业岗位分散到可供合理发展的离开中心的地域。有机疏散论认为，服务业和城市行政管理部门设置在城市的中心位置，而工业不管是轻工业还是重工业都应该疏散出去，由于工业外迁而腾出的大面积用地应该用来增加绿地，或者提供给必须在城市中心地区工作的技术人员、行政管理人员、商业人员居住，他们就近享受家庭生活。随着中心城区人口的日益密集，很大一部分事业单位尤其是挤在城市中心地区的日常生活供应部门也应离开拥挤的中心地区，而这也将带动挤在城市中心地区的许多家庭疏散到新区去，使他们得到更适合的居住环境。

第四，城市生态规划理论。1915年，英国生物学家格迪斯在《城市开发》和《进化中的城市》等著作中就试图将生态学原理运用于城市的环境、卫生、规划、市政等综合研究中。1916年，美国芝加哥大学学者帕克发表《城市：关于城市环境中人类行为研究的几点意见》的著名论文，将生物群落学的原理和观点运用于研究城市和社会。20世纪60年代持续高涨的环境保护运动，使人类重新思考人与自然的关系，重新探讨协调人类活动与自然过程的途径，寻求社会经济持续发展与自然共同进化的道路，从而迎来生态规划的复苏与蓬勃发展。这期间，生态规划的概念得到进一步明确，西欧各国开展了“环境运动”。

三、研究目标和框架

（一）研究目标

1. 研究城镇化进程中政府应承担的生态责任及其理论依据。
2. 剖析城镇化进程中政府履行生态责任中存在的问题及成因。
3. 探讨城镇化进程中政府承担生态责任的有效途径。

（二）研究框架

本书主要包括六个部分。其中，引言、第一章、第二章、第四章是前提性与基础性研究，主要分析城镇化进程中政府生态责任的相关概念、思想基础和外国基本实践经验；第三章和第五章是研究核心与重点，主要分析城镇化进程中政府履行生态责任的成就、问题及原因，并提出完善城镇化进程中政府履行生态责任的对策。本书力图实现研究的理论与实践、历史与逻辑的统一。

引言部分阐述了问题的缘起，对研究的背景、相关研究成果进行介绍和评述，并对研究思路、研究框架、研究方法、研究重点难点和创新之处作了必要性的说明。

第一章重点界定城镇化与政府生态责任的相关概念，厘清政府在城镇化进程中承担哪些生态责任，明确为什么政府是城镇化进程中生态责任的承担主体，以及分析城镇化进程中政府履行生态责任的重要意义。

第二章着重介绍城镇化进程中政府履行生态责任的理论依据。首先，是马克思主义经典作家关于资源环境的主要思想，包括马克思、恩格斯、列宁和斯大林的生态思想。其次，介绍国外学者关于政府生态责任的基本理论，主要包括新公共服务理论、生态政治理论、环境权理论、生态马克思主义理论、可持续发展理论和有机马克思主义理论。

第三章主要介绍我国城镇化进程中政府履行生态责任的现状，包括总结我国城镇化进程中政府生态环保职能的发展历程，政府在城镇化进程中履行生态责任所取得的成就；剖析我国城镇化进程中政府履行生态责任时存在的主要问题及原因。

第四章侧重介绍国外政府履行生态责任的实践经验以及对我国的启示。这些国家的政府部门在履行生态责任时，探索出了适合本国实际的成功经验，对我国政府履行生态责任提供了很好的借鉴。

第五章着力研究我国城镇化进程中政府履行生态责任的对策。主要从强化政府生态责任意识、加强城镇化发展规划、完善相关制度、综合运用多种手段进行生态环境保护和加强多方合作几个方面提出对策建议。

四、研究意义和重点难点

（一）研究意义

1. 理论意义

目前，从城镇化角度对政府生态责任问题进行研究还处于起步阶段，尚未形成完整的理论体系。本书以我国城镇化进程为背景，对城镇化进程中政府履行生态责任的内容及其理论依据、城镇化进程中政府履行生态责任中存在的问题、解决途径等进行系统的理论分析，将有助于这一理论的完善。

2. 现实意义

本书对我国城镇化进程中存在的生态问题及政府应承担的生态责任、当前政府生态责任的缺失、国内外政府履行生态责任的实践及我国政府履行生态责任的有效途径等问题的研究，对我国政府及相关部门履行生态责任具有借鉴意义。

（二）研究的重点与难点

研究重点在于研究城镇化进程中政府有哪些生态责任，剖析城镇化进程中政府履行生态责任中存在的问题以及探索城镇化进程中政府履行生态责任的有效途径。明确城镇化进程中的政府生态责任，分析目前城镇化进程中政府生态责任的缺失，进而找到城镇化进程中政府履行生态责任的有效途径，以解决我国城镇化进程中存在的生态问题。

研究难点为分析目前我国城镇化进程中政府的生态失责问题以及城镇化进程中政府履行生态责任的有效途径。我国地域广阔，城镇化模式多样化，各地区的生态问题存在着很大差异，政府履行责任的情况也不尽相同，很难构建出普遍适用的政府生态责任路径。因此，找出城镇化进程中政府生态责任的缺失，提出切实可行的政府履行生态责任路径是研究难点。

五、研究方法和创新点

（一）研究方法

1. 文献梳理的方法。文献梳理主要是指搜集、鉴别、整理文献，并通过对文献的研究，形成对事实科学认识的方法。文献梳理法是马克思主义中国化学科研究的必备方法之一。笔者在研究中国城镇化进程中政府生态责任问题时，通过中国国家数字图书馆、CNKI中国知网等数据库的搜索，对与本论文研究相关的文献进行梳理，在经过详细的文献分析后理出之前学术界的研究现状，为笔者的进一步研究奠定了基础。

2. 归纳和演绎结合的方法。归纳法是根据对某类事物中具有代表性的部分对象及其属性之间必然联系的认识，得出一般性结论的方法。演绎法是从一般性前提得出特殊性结论的方法。笔者在对中国城镇化发展的历史进程中得出基本经验，对以往政府的生态责任履行情况进行抽象概括，总结了如何构建政府的生态责任才能有效解决城镇化进程中的生态环境问题。同时，在分析这些基本经验时，又必须放到中国城镇化的历史进程中去分析和检验经验的正确性，这是一个从抽象到一般的过程。

3. 比较分析的方法。比较分析法主要是把客观事物加以比较，以达到认识事物的本质和规律并作出正确的评价方法。笔者在对中国城镇化进程中政府生态责任问题的研究中，会将中国特色城镇化道路、中国政府的生态责任，与西方的城镇化道路、西方政府的生态责任进行比较，并通过比较得出经验。

4. 理论与实践相结合的方法。笔者在研究城镇化进程中政府的生态责任问题中，通过以往大量的实践总结出基本经验，将这些经验作为理论更好地去指导实践。只有运用理论与实践相结合的方法研究，其总结出的基本经验才能更全面、准确和客观。

（二）研究创新点

1. 本书的选题视角是城镇化进程中的政府生态责任，研究城镇化建设过程中的政府生态行为，在研究视角上有所创新。一直以来，城镇化和政府生态责任都是学术界研究的热点问题。但是，迄今为止，很少有关于城镇化与政府生态责任融为一体的研究。本书基于城镇化的视角，对政府生态责任有了全新的认识，明确了政府在城镇化进程中履行生态责任的重要性。

2. 本书全面辩证地审视了中国城镇化的历史和现状，全面探讨了中国城镇化进程中的生态环境问题，并将马克思主义关于生态环保的一系列重要思想观点融合到对相关具体问题和对策的分析与论证之中。重视对马克思主义基本原理特别是与生态环保相关理论的学习和运用，挖掘和梳理了马克思主义者关于生态环保的重要论述，阐明了马克思主义的生态观对中国城镇化生态环境问题解决的具体指导作用。例如：运用马克思所揭示的城镇化对人与自然和谐关系的冲击这一观点，论述在推进城镇化中坚持可持续发展的重要性和艰巨性；从恩格斯对英国城镇化进程中“城市病”问题的论述中获得警示，高度重视城镇化快速发展中的“城市病”防治问题。

第一章

我国城镇化进程中政府履行生态责任概述

在研究一个问题的时候，我们首先要厘清该问题中的基本概念，否则，很难准确把握问题与解决问题。研究城镇化进程中的政府生态责任问题也不例外。首先，我们要明确什么是农村、城镇和城镇化，了解政府是在何种条件下履行生态责任的；其次，我们要清楚什么是政府，什么是政府的生态责任，了解在城镇化进程中，政府具体有哪些生态责任。只有厘清以上几点基本概念，我们才能进行科学的把握与研究。

一、相关概念界定

（一）城镇化的相关概念

1. 农村

农村是一个历史范畴，从人类历史的发展来看，农村是农业经济发展到一定阶段的产物。随着农业经济的发展，农业劳动者们为了方便集体耕作，集体居住，共同防御和共同修建基础设施等，聚集在了一起，进而形成了从事农业的生产区和居住区——农村。

对于农村统计口径的界定，不同国家有着不同的标准。美国界定人口在2500人以下，或者人口密度在每平方英里（0.59平方千米）1500人以下的地区以及城市郊区都算作农村。欧盟地区国家界定每平方英里低于2000人的地区为农村。我国对于农村没有直接的界定，国家统计局仅规定了城镇人口和乡村人口这两个人口统计指标，在《现代汉语词典》里，对农村的解释为："以从事农业生产的劳动者聚居的地方。"

本文中所用的农村是指人口、经济、规模等区域资源要素集中程度低于城市，以农业生产为基础的规模较小、社会结构比较简单以及人口密度较低的地方。

根据不同的标准可以划分出不同的农村类型。农村的类型受到地理条件、经济发展、文化形态以及社会政策等方面的影响，在不同的历史阶段会有不同的表现。现阶段中国农村呈现出多种类型，不同类型的农村有不同的结构、功能、特征、风土人情和生活方式。

第一，按所处的区位来划分。一是按所处的地理位置的地形、地貌来划分，可以分为平原、滨湖、沿海、三角洲、草原和山岭等。一般来说，在平原、滨湖、沿海、三角洲和草原的农村地区，人口较稠密，耕地较多，经济、文化都较发达，社会流动频繁。山村受地理位置的限制，交通不便，大多闭塞落后，人口聚居程度低，经济结构单一，比较贫困。二是按距离中心城镇周围的远近可划分为城郊和一般农村。城郊大体处于以中心城市为圆心，城市经济、文化等向周围辐射的地区。由于受到城市在经济、文化和人才等各方面的支援和城镇发展辐射的影响，其经济、社会发展程度比一般农村要高，其发展常常可以起到一般农村先导的作用。一般农村就是距离城镇较远，与城镇的经济、文化基本处于脱节状态的农村。

第二，按经济结构来划分。按所从事的主要产业可以划分为农业村、林业村、牧村、渔村和矿村等。农业村是指以从事种植业为主的村落，多位于土壤肥沃的平原地区；林业村是指以从事林业为主的村落，多分布在山区半山区；牧村是以从事牧业为主的村落，主要分布在我国西北山区和有天然草原的地方；渔村是以渔业为主的村落，主要分布在沿海和湖畔地区；矿村是以从事采矿业为主的村落，多分布在有矿业资源的山区或河床地区。

第三，按行政组织关系上村庄是否是一个行政单位来划分。可以分为自然村和行政村两类。自然村是指依据地理环境自然形成的村落；行政村是在自然村的基础上，出于社会管理的需要来划分而成的单位，由村民委员会进行自治管理。它可以是一个自然村，也可以由几个比较小的自然村组成，还可以是一个较大规模的自然村的一部分。一般来说，行政村的平均规模大于自然村的平均规模。

一般来说，农村主要有以下六个基本特征：一是经济活动以农业生产为主，村居民的生存和谋生手段主要是从事农业生产，包括种植业、林业、畜牧业和渔业生产等。二是人口密度低，人口居住的规模小。由于农村的主要经济活动是农业生产，这就决定了农村具有人口密度低、人口居住规模小的特点。农业生产需要占用广大的土地，为了方便生产和管理，农村家庭居住地离农田较近，居民只能小规模地居住在多处。而且，传统农村的住宅多以平房为主，宅院较大，因此，出现低密度、聚居规模小等特点。三是血缘、地缘关系比较浓厚，人际关系比较密切。由于农村尤其是自然村落常常是聚族而居，形成了以家族、宗族为主要社会组织的亲族生活共同体，因此，农村的社会关系大多基于血缘关系。四是社会结构简单，同质性较强。农村的社会结构简单主要表现在农村的职业结构比较简单，主要以农业为主；群体结构比较简单，以初级群体为主，次级群体不够发达两个方面。五是文化的地方性特征明显。由于不同农村的形成过程、历史传统、地理条件和发展水平不同，以及农村具有较强的封闭性，在此基础上产生、形成的文化也不相同，不同农村的民情、风俗、语言和生活方式等各方面都有明显的地方特色。六是社会控制主要依靠非正式的控制手段。与法理社会相对而言，农村作为乡土社会，具有礼俗社会的重要特征，即常常靠地方的风俗习惯、舆论、道德规范和乡规民约等非制度性、非正式手段作为社会的控制机制。

2. 城市与城镇

城市又称都市，是城市社会学中最基本的、同时也是最难下定义的概念之一。

据考证，最早的代表城市的象形文字是一个被圈包围起来的十字（⊕），圈代表围墙或壕沟；十字代表道路将人们、商品和思想整合在一起。

在古代汉语里，城市是一个非常常用的词汇，但是在古代汉语中“城”和“市”是两个不同的概念。在我国古代，“城”指四面围以围墙，“城郭也，都邑之地，筑此以资保障也”;《吕氏春秋》中也说“筑城以卫君，造郭以卫民”。“市”指市场交易之地，如《易经·系辞下》中就有这样的句子:“日中为市，致天下之民，聚天下之货，交易而退，各得其所。”由此可见，我国最早的“城”与“市”并不是一个统一的聚合体；后来，社会分工促进了社会经济的发展,“城”里人口逐渐增多,“市”开始在“城”内或“城”郊出现，于是“城”与“市”逐渐聚于一体，成为城市。

城市是存在于现代文明社会中的一种普遍现象，它历史悠久、类型繁多，存在于除南极洲之外的每个大洲、每个国家。但究竟什么样的地区可以成为“城市”，目前各国政府之间也没有统一的认识。

美国人口普查局为统计方便，把常住居民不少于5万人的地区称为一个“城市”。在巴西，城市的概念与居民多少无关，所谓城市就是指首都或首府。联合国为了进行国际性的对比调查，则建议所有国家的人口普查和官方统计，把集中居住人口达10万人以上的地方称为城市。

《简明大不列颠百科全书》第2卷中对城市的定义为:“一个相对永久性的、高度组织起来的人口集中的地方，比城镇和村庄规模大，也更重要。”

《中外城市知识辞典》把城市界定为“区别于乡村的一种相对永久性的大

型聚落。是以非农业活动为主体，人口、经济、政治、文化高度集中的社会物质系统”。

《现代社会学词典》对城市的解释是：“人口密集，居住在一个比较小的地区，从事非农业职业的人们。一个城市人口的活动是专业化的，而且在功能上是互相关联的，并有一个正式的政治体系所管制。”

《中国大百科全书·社会学卷》对城市的界定是：“大量异质性居民聚居，以非农职业为主，具有综合功能的社会共同体。”

此外，城市的定义还因历史学家、地理学家、经济学家、政治学家或社会学家的研究视角不同而各自相异。比如，对研究或学习希腊及罗马历史的学者而言，城市指的就是城邦，它不仅是指像雅典或罗马四周有围墙的城镇，还包括城墙周围的领地，以及城内居民享有的居民权。地理学家则往往从城市形态上对城市加以概括，强调城市是地处交通方便，有一定面积的人群和房屋密集的结合体。

总之，现有的城市定义不胜枚举。或许城市的概念正如法国城市地理学家潘什海梅儿曾经指出的：“城市既是一个景观，一片经济空间，一种人口密度：也是一个生活中心和劳动中心；更具体点说，也可能是一种气氛，一种特征或者一个灵魂。”

人们在确定城市的标准时，目的不同，侧重点也不同。那么，究竟什么是城巾呢？根据人们不同的侧重点，我们将城市的多种定义标准，归纳为以下四种基本类型：

一是人口的标准。这是人们最常采用的一种标准。因为它最直观、最便于统计。在各国的百科全书中，我们可以看到，任何一种定义都包含了人口标准。因此，我们也可以把它看作是最通用的标准。二是职业构成标准。在各国百科全书的定义中，我们可以看出除了美国和英国以外，其余国家都将职业构成与人口标准一起，列为城市的基本构成要素。即使英国和美国不重视职业构成标准，也只不过是把职业隐含在了人口标准之中了。三是政治功能的标准。在巴西，官方确定城市的标准并不完全依照人口的规模，对他们来说，“城市就是首都”（A city is a capital），巴西对城市的定义基于城市在该区域的政治功能。在美国，城市也不仅仅是依照人口的规模，城市在被纳入官方档案时，还要求有城市政府。四是社会结构与功能标准。城市有相对大规模的人口，聚居人口要有一定的密度和异质性的地区，其中，要有一些人从事专门的职业；城市应该有市场功能，而且至少还要具有部门的管理权力；在城市，素不相识的人们之间，出现了完全个人的互动关系；城市还要求“社会的组合”应基于一种比相邻的家庭或宗族之间所具有的更广泛的原则。

综上所述，笔者定义城市的概念为：具有一定的人口规模，人口主要从事非农业生产，以第二、三产业为主的地区。并且，城市多为一定区域范围内的经济、政治和文化中心。

此外，另一个重要的概念是城镇。一般而言，城镇包括城市和集镇，是以非农业人口为主，具有以下特点：城镇在产业上主要以非农业为主；人口密度一般较大；建筑密度较大；市政建设设施和公共设施较齐全；功能上一般是一定地域的政治、经济以及文化中心。

可以看出，城市与城镇在本质内涵上几乎同质，城镇概念包括特大城市、大城市、中等城市、小城市和小城镇，是一个统称。在本书中，界定城镇与城市是同等概念。根据所参考资料与具体语境，城市和城镇两个概念交替使用。

（1）城市的起源

探索城市中所存在的问题，我们首先要了解城市是如何形成的，只有这样，才能知道城市中所存在的问题是如何形成的。那么，城市到底是怎么形成的？产生城市的基础是什么？国内外学者有不同的看法，并形成不同的城市起源学说。目前，学术界关于城镇的起源主要有防御说、私有制说、阶级说、集市说和地理说。这些学说从不同角度、不同层次对城市的起源作了分析，但是，在这些学说背后隐藏的城市产生的深层次原因是生产力和生产关系的相互作用，生产力的发展是城市产生的根本原因。具体而言，可以从以下三个方面把握。

生产力的发展及社会分工的扩大是城市产生的社会基础。人类社会最初是没有城市的。在原始社会，生产力水平极端低下，生产工具简单落后，人们过着穴居和巢居的生活，没有固定的居民点。随着社会生产力的不断进步，生产工具的发明和不断改进，形成以畜牧业和农业分离为标志的第一次社会大分工。人类摆脱了对劳动对象的绝对依附，选择适合耕作的土地并在附近定居下来，形成了人类历史上的原始固定居民点——部落，也就是早期城市的胚胎。随着社会生产力的进一步发展和农业劳动生产率的提高，出现剩余产品，使农业能够满足手工业者以及其他非农业人口对农产品的需要，为城市的产生奠定了基础。由此可见，社会生产力的发展以及由此引发的社会分工是城市产生的社会基础。马克思、恩格斯指出：“物质劳动和精神劳动的最大的一次分工，就是城市和乡村的分离。城乡之间的对立是随着野蛮向文明的过渡、部落制度向国家的过渡、地方局限性向民族的过渡而开始的，它贯穿着全部文明的历史并一直延续到现在。”

商品生产和商品交换是城市产生的主要经济原因。农业和手工业分离，使手工业者成为专门的商品生产者，农业生产的剩余产品也成为商品，因此，发生了剩余产品之间、农产品和手工业产品之间的交换。随着商品量的扩大、交换频率的提高、交易人数的增加，原有的交换形式已经不能适应需要，于是渐渐集中到比较固定的地点，形成定期或不定期的集市交易场所。交易场所一般选择在地理位置适中、交通便利，便于居住在周围的农民赶集和交易的地方。在社会生产力进一步发展，商品生产和商品交换急剧扩大的客观推动下，形成了专门从事商品交换的产业和阶级——商人。职业的分化带来了社会成员的分化，并从根本上决定了聚落的分化。由此可以看出，商品生产和商品交换的不断发展，推动和促进了城市的发展，使人类的原始居住点最终分解成为城市和农村两种不同性质的社区。马克思、恩格斯认为：“某一民族内部的分工，首先引起工商业劳动和农业劳动的分离，从而也引起城乡分离和对立。”马克思、恩格斯还指出：“分工的进一步扩大表现为商业和生产的分离，表现为特殊的商人阶级的形成。这种分离是历史上保存下来的城市（顺便提一下，住有犹太人的城市）里继承下来的，并很快就在新兴的城市中出现了。”

自然条件、社会条件直接导致城市的产生。在生产力的推动下，伴随着商品生产与交换的发展，城市不可避免地出现了。城市是人类社会发展的必然产物，但是城市究竟在什么地方、什么时间产生，则取决于自然、地理、社会和文化等因素。也就是说，生产力发展到一定水平，城市产生所需要的经济基础具备时，一些非经济因素直接导致城市的产生。从自然地理条件来看，古代城市大都出现在江河湖海的口岸、交通要道和平原地区，这些地方商品生产较发达，交通比较便利，适合进行商品交换，而且便于商品运输和集散；从社会政治条件来看，随着生产力的发展，剩余产品的出现和私有制的产生，人类社会分化成统治者和被统治者，统治阶级为了维护和加强自己的利益，建墙挖沟，设关造城，并在城市设置行政机关、军队、警察等公共政治机构，把城市变成强大的统治中心。

（2）城市的发展

18世纪中叶的工业革命迎来了城市发展史上一个崭新的时期，在工业革命浪潮中，城市发展之快、变化之巨超过了以往任何时代。城市数量增加，规模扩大，城市人口急剧增加，使城市的地位、作用、性质和功能发生了根本性变化，使城市发展进入新的时期。这一时期城市的发展造成了社会财富的巨大集中和贫富差距的日益扩大，加剧了城乡对立。在近代，城市生产力的高度集中，使其成为资产阶级的经济统治中心，城市经济在整个国民经济中占绝对优势，并剥削和统治农村。正如马克思、恩格斯在《共产党宣言》中指出："资产阶级已经使农村屈服于城市的统治。"城市的发展使城乡矛盾激化，城乡对立加剧，加重了城市对农村的剥削。而在城市内部，贫富差别越来越明显，产生了无产阶级和资产阶级两大阵营，阶级之间的鸿沟不断加深，出现激烈的阶级对立与冲突。

我国近代城市的发展状况与西方欧美资本主义国家有很大不同。1840年鸦片战争，帝国主义列强的炮舰轰开了中国长期闭关自守的大门，外国资本和商品倾入中国市场，侵入中国经济，不仅对中国封建经济的基础起了解体的作用，同时又给中国资本主义生产的发展造成了某些客观的条件和可能，中国社会沦为半殖民地半封建社会。这种社会形态决定了中国城市不能沿着固有的规律向前发展，而是烙上了浓厚的半殖民地半封建特征。中国近代城市大概有四种类型。

第一，由于帝国主义的侵略、外国资本的输入而引起较大变化或新兴起的城市。这类城市分两种，一种是受几个帝国主义侵占掠夺的租界城市。如上海、武汉和天津等。这些城市租界遍布，经济畸形发展，城市布局混乱，社会贫富悬殊。另一种是长期受某个帝国主义直接侵占的殖民地城市，如大连、青岛、哈尔滨和香港等。这些城市完全按照帝国主义侵略者的意图建设，服从于帝国主义侵略中国的目的和需要，在城市经济结构、资源开发、发展模式和城市规划与设计上，不仅具有明显的殖民地色彩，而且反映了侵略国的主要经济文化和社会特色，成为帝国主义掠夺中国的据点和统治中心。

第二，由近代工业的发展而形成的城市。鸦片战争后，在外国资本入侵的同时，中国的官僚资本与民族资本也有了一定程度的发展，改变了城市的经济成分和经济结构。城市中以近代工商为主体的经济功能得到加强，城市的经济关系和社会关系也随之变化，由纯封建性质的城市向资本主义城市转化，如江苏的南京、张家港和南通等。此外，随着近代工业的发展，一些新兴城市出现，这些城市以工矿业为主体，如河南焦作和江西萍乡等。但是，这类城市规模不大，发展速度缓慢，城市建设也仅限于局部地区，带有资本主义城市早期的自发性。

第三，随交通路线而形成和发展起来的城市。随着铁路、公路和水路的畅通，一大批城市在交通枢纽兴起，如位于京广线上河北的石家庄、河南的郑州和湖南的衡阳等城市，这些城市职能比较单一，城市建设缓慢。

第四，广大内地的中小城市。这些小城市基本上保持着封建时期的落后面貌，根本谈不上发展，有些历史上规模很大的城市，由于没有近代工业发展，又不处于交通中心，于是逐渐衰落。

在这四类城市中起主导作用的是第一类城市，这是因为这类城市规模大、发展快，在国民经济中占有重要地位，而且这些城市为帝国主义和官僚资本主义所控制，集中体现了中国城市半殖民地半封建的特征。综合以上四类城市的形成原因和发展轨迹，中国近代城市的发展具有以下几个特点：租界城市、殖民地城市的大量存在，成为帝国主义剥削和掠夺中国的基地，成为外国经济侵略的桥头堡，掠夺中国资源的转运站；城市发展不平衡，整个国家经济发展的不平衡导致城市体系结构失衡，城市布局也不合理，城市主要分布在沿海、沿江地带，而广大内地不仅城市数量少、规模小，而且经济极其落后；城市畸形发展，经济结构不合理，近代工业得不到应有的发展，基础工业极其落后，但是为帝国主义、封建主义和官僚主义买办服务的商业、服务业却过分膨胀。大城市被租界分割得支离破碎，发展各自为政，自成体系。

城市在经历古代、中古、近代三个发展阶段后，自20世纪初进入现代阶段。现代城市的发展是城市发展历史中最为重要的一个阶段，表现出前所未有的特点。特别是第二次世界大战后，随着战后经济的恢复，科学技术高速发展，人类社会进入电子时代。科学技术的迅猛发展与经济的高速增长，大大加快了世界城市发展的进程，并在规模、速度和范围上大大超过了以往的各个时期，现代城市的发展主要体现出以下几个特点。

第一，世界城市化进程加速，但发展不平衡。从总体上看，无论是发达国家还是发展中国家，城市化水平都得到了普遍提高。但是，由于各国各地区生产力发展水平的差异，经济发展不平衡，城市化水平也相差悬殊。先进的工业国家，城市化水平达80%以上，有的甚至超过90%，而在发展中地区，虽然城市的绝对量在不断增加，甚至超过发达地区，但是城镇化水平却很低，有的只有10%多一点。在一些国家，城市发展极其落后，缺少以现代化大工业为基础、经济发达的现代城市。由于城市发展的落后与畸形，城市经济力量薄弱，在很大程度上阻碍了国家的发展。

第二，城市社区结构发生变化。这表现在城市内部和城市外部两个方面。从城市内部看，在早期城市中，由于城市规模不大，地区分工界线不明显。随着经济的发展，城市规模相应扩大，城市内部出现明显的地域分化，出现界线明确的工业区、商业区、住宅区和文化区等，各区在保持自身地域特色的同时，联系也不断加强，构成一个完整的城市综合体。从城市外部结构来看，城市开始超出自身范围，向郊区发展。由于城市中心人口集中，用地紧张，环境污染等原因，促使人口和企业逐渐向城市外围扩散，出现逆城市化趋势，导致城市周围出现大量的卫星城镇，他们与中心城联系紧密，组合成城镇群，成为城市空间组织的新形式。在我国，以特大城市上海为中心的长三角地区包含13个大中城市、上百个小城镇，该地区是中国最大的城市带和重要的经济中心区。

第三，城市功能趋向动态性、综合性。随着现代工业向城市集中和现代科学技术的发展，提高了整个社会的生产、流通、交换的容量和活动频率，因此，现代城市生产、生活的各种物质供应量、消耗量与日俱增，联系范围规模不断扩大，活动频率不断提高，为此要求城市具有动态、高频率的特点。如商品销售就需要有生产厂家、批发商、运输、邮电通讯、金融和广告等各部门的相互配合。另外，城市生活水平的提高和生活方式的转变，使人们对日常生活的需要也趋向多品种、高级化，这就需要有相应的零售点、饮食点、社会保险、文化娱乐、医疗保险和教育培训等部门密切配合。特别是现代科学技术和国民经济、文化教育之间的相互依存、彼此促进的关系日益密切。这种复杂的生产和社会关系，使现代城市不断向综合方向发展。

第四，城市问题日益严重。由于人口、工业的过度集中和大城市的畸形发展，带来了一系列的严重问题，造成大量的社会危机，如劳动力过剩、失业率上升、交通拥挤、住宅紧张、地价昂贵、污染严重、生态环境恶化、生活质量下降、社会秩序混乱、犯罪率增高、城市基础设施落后以及公用事业不足等。这些社会问题的出现，给城市社会生活和城市社会管理带来了极大困难，引起整个社会的高度关注，人们针对这些问题，提出了不少解决办法和拯救措施，在一定程度上缓解了这些问题的产生与发展。但旧的问题解决了，新的问题又滋生，如何从根本上解决城市发展中的这些病症，促进城市健康协调地发展，是目前城市发展所面临的最主要问题。

（3）城市的特征

城市的特征主要体现在以下几个方面：从人口特征来看，城市人口数量多、密度大、异质性强；城市居民大多从事非农产业、具有专业技能。从经济特征来看，城市生产过程中生产分工较细，工序较多，生产技术比较先进，批量生产的产品远离自然；流通过程具备市场功能，或者至少具备了局部的调节能力；消费环节中消费方式多样化，经销商之间竞争激烈。从地理特征来看，城市常常出现在交通线的交汇处、战略要地或资源丰富的地区。从社会活动的特征来看，城市居民在社会交往中，往往并不是完全作为个人出现的，他们往往还承担着一定的社会角色，如律师、教师、医生等。与乡村相比，城市的社会生活更加多元化和复杂，城市开展社会活动的基础主要是各种法律、法规。从文化特征来看，城市既是文化的发祥地，又是文化的传播中心，同时还是文化的载体，文化多元化是城市文化最主要的特征。

总之，城市往往是一个地域政治、经济、文化、军事、教育和服务的中心。城市不但聚集了大量的人口，而且聚集了生产和交通，聚集了科学、文化和社会活动等多种功能，因此，概括地讲，聚集性就是城市最根本的特征（见表1.1）。

表1.1　农村和城市的特点比较

特征	农村	城市
规模	相当小	相当大
人口密度	比较低	比较高
人口组合	多为同质的	多为异质的
工作环境	在户外	在户内
职业	农业，无大的差异	非农业，有很大差异
家庭人口	比较多	比较少
社会接触	机会较少但直接接触	机会较多但间接性强
社会地位	稳定，多为规定的	不稳定，多为赢得的
家庭与工作场所	相距较近	相距较远，常分开
社会群体	少而简单	多而且庞大复杂

（续表）

特征	农村	城市
社会控制	主要靠民俗民德	主要靠法律
社会心理	富于迷信、保守	思想开放、自由、易变
社会流动性	低	高
社会阶层	较少	较多
生活水平	较低	较高
社会病态	较少	较多
教育及娱乐机会	较少	较多

（数据来源：龙冠海.社会学[M].台湾：台湾三民书局，1986，252.）

（4）城市的作用

在对城市的看法上，历来存在着两种相互对立的观点：一种观点是“城市罪恶论”，美国哈佛大学著名的社会学家威尔逊和日本的矶村英一均持此观点，他们认为：“城市在培养人类的无情、堕落和一切道德败坏，是人类退步和颓废的温床。”另一种观点是“城市赞扬论”，他们认为“城市是自由的温床，是科学、文化、艺术的中心，给人类带来了荣光，是进步的母亲”。“城市罪恶论”和“城市赞扬论”都具有较强的感情色彩，我们应该客观地认识城市的作用。

首先，城市是人类生活的一个重要环境。人类的生活需要满足几种不同层次的需要。如生理、安全、从属、爱、尊重和自我实现的需要等。为了更好地满足自己的生活，人类需要组织起来，共同努力。这就形成了人类最早的有序社会：部落社会，继而是农业农庄、城市和国家。在人类发展史上，城市是最后发展起来的，也是最完备的社会组织形式，它从各个方面满足着人类的需要。随着城市的发展，目前城市已经成为影响人类生存的一种最重要的社会环境。

其次，城市是人类文明的发源地和传播中心。城市的产生源于社会分工的发展，社会分工的发展促进了人类活动的专业化，使一些人有可能专门从事科学、艺术等创造性的活动。正是这些创造性的活动使城市成为人类文明的发源地和传播中心。

再次，城市是人类各种制度生长和发展的场所。城市是人类为了自己更好地生存而创造的一个人造的生存空间，是人类摆脱自然迈向自由王国的桥梁。正如列宁指出的："城市是经济、政治和人民精神生活的中心，是前进的主要动力。"城市作为人类自己管理自己的中心，人们从中创造和发展出了各种各样的制度。我们可以把人类社会中的制度分为三个层次：宏观层次上，迄今为止人类大致经历了原始社会、奴隶社会、封建社会、资本主义社会和社会主义社会几种社会形态。微观层次上的制度主要指人类创造的各种具体的规章制度。中观层次上的制度包括"原本的制度"和"派生的制度"。原本的制度主要包括家庭制度和经济制度；派生的制度包括政治制度、宗教制度和教育制度。

第四，城市是各种社会问题集中的地方。越来越多的证据表明，现代城市的恣意扩张已经破坏了自然界的生态平衡，而且城市作为人类各种活动的中心，它的过度膨胀也放大和强化了人类社会自身的各种问题，如犯罪等。有些学者甚至认为，种种迹象表明，城市已经发生文化异变，而且这种在城市中发生的文化异变会影响郊区和农村，并在郊区和农村造成同样严重的犯罪和精神病态。

3. 城市化

（1）城市化的涵义

对于城镇化的概念，目前学术界也没有统一的解释。《简明大不列颠百科全书》第2卷中将城市化定义为："人口集中到城市或城市地区的过程。这种过程可能有两种方式：一是通过城市地区数量的增加；二是通过每个城市地区内人口的增长。"《中国大百科全书·社会学卷》对城市化的界定是："社会经济关系、人口、生活方式等由农村型向城市型转化的过程。"而在联合国教科文组织出版的《社会科学词典》中，则有四种关于城市化的概念解释：城市中心向周围影响及扩散（地理及经济学家的提法）；人口中城市特征的出现（农村社会学家经常使用的提法）；人口集中的一个过程（人类学家经常使用的提法）；人口集中的过程，其中城市（镇）人口占地或人口比率的增加（社会学家更倾向于这种解释）。

尽管目前学术界对城市化的概念还没有统一的看法，但多数学者还是倾向于把城市化看作一个正在进行的过程（process），而不是一个已经完成的结果（result）。大家的分歧在于，在城市化进程中应该包含哪些结果。

所谓"化"，是指事物性质或形态改变的过程。城市化就是农村转化为城市的过程，是城镇人口增多，城镇土地面积增加以及由农业为主的传统乡村社会向以工业和第三产业为主的现代城市社会逐渐转变的历史过程。

对于城市化与城镇化的区别，目前学术界众说纷纭。“城市化”和“城镇化”，是指对英文“Urbanization”的不同译法，在日本和我国的台湾又被译为“都市化”。“Urbanization”一词最早是1867年由西班牙学者A·Serda在《城镇化的基本理论》一书中提出来的，目前已被国内外理论普遍接受。

在我国，关于城镇化概念的研究，主要围绕“城镇化”是否等同于“城市化”展开。在国内有以下三种基本观点：

一是“城镇化”与“城市化”是同义词。武汉大学辜胜阻在2010年《大都市与中小城市协调共进的均衡城镇化研究》一文中提出：“城市化是指人口向城市的集中过程，农村城镇化、非农化，是农村人口向县城范围内的城镇集中和农业人口就地转移为非农业人口的过程。”大多数认为“城镇化”与“城市化”相同的学者认同这一观点。

二是“城镇化”与“城市化”是近义词。中国社会科学院农村发展研究所研究员党国英2010年在《正确认识“城镇化”》一文中提出：“‘城市化’与‘城镇化’两个提法，二者没有根本性区别，如果翻译为英语，二者是一回事。”华中师范大学教授项继权2010年在《城镇化的中国问题及其解决之道》中也提出：“‘城镇化’与‘城市化’是同义语，是对外来语‘Urbanization’一词的不同译法。Urbanization 是人口从农村向各种类型的城镇居民点转移的过程。”

三是“城镇化”是中国特色的“城市化”。国家行政学院教授张占斌2013年在《新型城镇化的战略意义和改革难题》中明确提出：“外国的或者一般而言的‘Urbanization’称之为‘城市化’，中国的‘Urbanization’则称为‘城镇化’”。北京师范大学教授沈越2001年在《21世纪城镇化与“三农”问题》中明确提出：“城镇化战略实际上是有中国特色的城市化道路。”2005年9月29日，中共中央政治局在集体学习研讨“国外城市化发展模式和中国城镇化道路”中也蕴含着“城镇化”就是中国特色的城市化之意。还有很多学者认为：“城镇可以泛指市和镇，城市也含城镇的意思，但我国的镇量多面广，从我国国情和科学含义看，运用‘城镇化’比‘城市化’词语更为准确、严密，主张用‘城镇化’取代‘城市化’，以示中国城市化道路的特殊性。”

综上所述，学术界基本认同“城镇化”与“城市化”是同等概念。笔者认为，城镇化与城市化的主旨都是农村转变为城镇，伴随这一过程，整个社会面貌，包括经济、政治、文化和生活方式等诸多方面实现非农化。本书是在城镇化背景下研究政府的生态责任，所有关于“城镇化”与“城市化”的优秀研究成果都可加以借鉴。因此。本书中“城镇化”和“城市化”没有本质的区别，是等同的概念。

（2）城市化的类型

根据不同的划分标准，我们可以把城市化划分为以下几种类型：

第一，集中型城市化和扩散型城市化。如果我们以大城市作为主要研究对象来考察城市化现象，就会发现存在着集中型和扩散型两种城市化类型。

城市中的各种商业服务设施、政府部门、企事业单位、银行以及服务社等智力服务机构，都有不断向城市中心集中的特性，这就是“集中型城市化”，也被称为“向心型城市化”。向城市中心集中的这些部门，或者是决策部门（如政府机关，公司总部等），或者需要与服务对象进行直接交流（如文化、教育等娱乐设施等），或者需要以稠密的人流作为经营对象（如商店、宾馆等），这些部门的职能特点要求他们向城市的中心集中。

有些城市发展则与上述部门相反，它们从市中心向城市的外缘扩散，这种情形被称为“扩散型城市化”，也叫“离心型城市化”。城市交通的发展加上城市级差地价的影响，一些需要宽敞用地的部门，如大型企业、批发市场以及仓库等开始向城市外围移动；有些部门则是由于需要安静的环境而向城市外围集中，如大专院校、疗养院等；还有些部门具有特殊的使命需要避开市区，如军营、监狱等。

集中型城市化是城市化初期的主要趋势，它提高了城市中心土地的利用率，促进了城市中心商业区的形成；扩散型城市化则是城市化后期的主要形式，它使城市外围的农村地区发生变化，导致了城市面积的扩大。

第二，外延型城市化与飞地型城市化。按照城市离心扩散的形式不同，可以把城市划分成外延型与飞地型两种类型。

外延型城市化是指城市的离心扩展一直保持与建成区接壤，并且连续渐次地向外推进。飞地型城市化则是指城市的离心扩展出现空间上与建成区断开、职能上与中心城市保持联系的扩展形式。飞地型城市化大多出现在大城市环境中。这是由于大城市的人口数量和用地规模已经非常庞大，因而在发展过程中与周边农村的争地矛盾已经十分尖锐。在这种情况下，大城市就往往采取越过郊区，在条件适宜的地点建起卫星城，以分散大城市的压力。许多大城市郊区的卫星城就是飞地型城市化的结果。从广义上讲，一些发展中国家为了改变经济过分集中在沿海地区的现状，就在内地开辟新的经济中心，或者将首都搬到内陆，以发展内地经济的做法也是飞地型城市化的一种表现形式。

外延型城市化是最常见的一种城市化类型，在大中小各级城市的边缘地带都可以看到这种现象，所谓“城乡接合部”指的就是这种正在进行的外延型城市化的边缘地带。

第三，自发型城市化与被动型城市化。根据城市发展动力的不同，还可以把城市化分为自发型城市化和被动型城市化两种类型。

自发型城市化指的是源于城市自身发展的城市化，这是一种由于城市内部生产的发展，使人口不断增长，从而使城市规模不断得以扩展的过程。被动型城市化指的是一种被他力推动的城市化进程。这是一种由于城市的辐射和影响使原来的农村地区迅速变成城市地域的过程。比如，小城市被大城市选中，进行飞地型扩展，成为大城市的卫星城的过程就是一种被动型的城市化。

第四，景观型城市化与职能型城市化。景观型城市化是指城市性用地逐渐覆盖地域空间的过程。这种城市化直接形成市区，因而也被称为直接型城市化。景观型城市化是一种传统的城市化的表象形式，它造成人口和土地利用高度密集的城市景观。人们往往习惯地认为，居民住在这样的城里才是城市化。但当代城市化的概念和范围已经大大拓展了。

职能型城市化就是一种新的城市化的表现形式。职能型城市化是指现代城市功能在地域系列中发挥效用的过程。这种城市核心连同周围功能上有联系的区域被称为城市功能区。职能型城市化呈零星分散的状态，它并不从外观上创造人口和建筑高度密集的城市景观，所以职能型城市化也被称为间接型城市化。职能型城市化的出现，对城市地域的划分和城市化水平的衡量有重要的影响。目前国外普遍采用城市功能来代替城市行政区作为城市的地域范围，并以城市功能区的人口作为城市总人口。

第五，积极型城市化和消极型城市化。这两种类型的城市化是由于城市化的复杂性造成的。所谓积极型城市化就是与经济发展同步的城市化；消极型城市化指的是先于经济发展水平的城市化，消极型城市化亦称过渡城市化或假城市化。农村经济的破产和城市经济增长缓慢往往就会导致消极型城市化。农村经济的破产会使农民失去赖以生存的经济条件，这样就迫使他们向城市迁移，导致城市人口膨胀；而低速增长的城市经济又不能提供足够的就业机会，于是失业、饥饿和犯罪等城市病开始蔓延，造成了消极型的城市化。

一般认为，一个国家或地区的城市化水平可以反映该国或该地区的经济发展水平。事实上，只有积极型城市化的城市化水平才能反映当地的经济发展水平。比如，某些拉美国家，其城市化水平与发达的资本主义国家相似，但经济发展水平却远落后于资本主义国家，其原因就在于这些拉美国家的城市化是先于经济发展水平的消极型城市化。

第六，自上而下型城市化与自下而上型城市化。这两种类型的城市化是人们在分析中国城市化的动力机制时提出的一种观点。所谓自上而下型城市化是指国家投资于城市经济部门，随着经济发展而产生的劳动力需求而引起的城市化。它表现为原有城市的发展和新兴工矿城市的产生两个方面。所谓自下而上型城镇化是指乡村地区通过自筹资金发展以乡镇企业为主体的非农生产活动，首先实现乡村人口的职业转化，进而通过发展小城镇（或小集镇），从而实现城镇化。

这两种类型城市化的产生是由我国的国情决定的。我国人口众多，劳动力资源丰富，但按人均计算我国的资金和资源十分有限。因而单纯由国家投资吸纳农村剩余劳动力的能力是非常有限的。但是，如果在农村发展各类乡镇企业，实现产业结构转换就可以吸收更多的农村剩余劳动力，是我国实现城市化的一条重要途径。

（3）城市化的指标和测度

目前测量城市化水平的指标和测度主要有两种，即主要指标法和复合指标法。所谓主要指标法就是选择对城市化表征意义最强、又便于统计的个别指标来描述城市化所达到的水平。这种指标主要有两个，一个是人口比例指标，另一个是土地利用状况指标。其中，前者比后者在表达城市成长状态方面更典型更深刻，也更便于统计，因而城市人口占总人口的比例是最常用的城市化测度指标。土地利用状况是从土地性质和地域范围上来说明城市化水平的一个指标。这种测量方法主要是统计一定时间内非城市用地（如农田、商店、住宅和文教等）的比率。由于这个指标统计起来比较困难，所以使用不太广泛。复合指标法是一种选用与城市化有关的多种指标予以综合分析，以考察城市化进展的速度和水平的方法。综合指标一般包括人口比重、城市面积、工业产品率、年财政收入比例、商业销售额和各类产业的人口结构等。显然，指标越多就与具体地域结合的越密切，针对性就越强，通用性就越差。所以，复合指标法不适用于国际间的对比分析，它多半仅在针对具体地区进行城市化分析使用。

（4）城镇化的影响

城镇化的影响是多方面的，首先是地域景观上的变化。一般来说，城镇和乡村的景观一眼就可以识别出来。在大多数的现代都市里，高楼大厦已经取代了原来的穷乡僻壤；流动的人群、喧嚣的工厂已经取代了原先的田园风光。

其次，城镇化的结果还带来了人口结构上的变化。城镇化过程导致人口构成上的变化主要表现在人口向城镇集中的速度和比例上。这种人口向城市集中又包含两方面的内容：其一是人口由乡村人口向城镇集中，导致城市人口非绝对数量的增加和城镇人口占总人口的比例不断提高；其二是原城镇人口的自然增长。

再次，城镇化还导致了人类社会产业结构的变化。第二产业和第三产业是城镇的经济基础，随着城镇人口比例的增长，人类社会的产业结构也发生了变化，这种变化主要表现在两个方面：其一，城镇外围的第一产业逐渐被第二、三产业取代。工业革命以前，世界各国从事农业生产和手工业生产的人口比例都在80%—90%之间。工业革命后急剧的城镇化进程使大量人口离开农村，来到城镇从事各种工商业活动。比如，英国在经过工业革命的19世纪初，从事工商业、服务业的人数已经占全部职业人口的三分之二，到1871年，已经超过了五分之四。其二，城镇内部不同的产业之间按照效率优先的原则配置空间，加强了生产的专业化和社会化，并且形成了独特的城市景观。

第四，城镇化还导致了人类生活方式的变革。乡村居民习惯日出而作、日落而息，生活节奏比较缓慢，城镇开辟了人类生活的新天地，人们的思想观念和行为方式都发生了很大的变化。这些变化主要表现在：生活丰富而复杂；生活节奏加快；人际交往趋于表面化和事本主义；家庭规模缩小，功能减弱，个人主义增强；城镇文化具有较突出的异质性特征。

（二）政府生态责任的相关概念

1. 政府

什么是政府？这是政治学的一个古老命题，古今中外的学者至今仍是众说纷纭。关于政府的定义，一般认为有广义和狭义之分，广义的政府是指“以合法的强制性力量为后盾，对居住在特定领土范围内人口进行管理的权威组织。它是国家行政机关的总称，包括立法、行政和司法机关”。狭义的政府主要是指“政府的行政机关，它是履行行政管理职能的主要机关”。我们这里采用的是广义政府的概念。

政府的性质就是指政府的本质属性，它主要表现在以下几个方面：一是阶级性。马克思主义政治学强调政府的阶级性，认为国家是维护阶级统治、实施阶级压迫的机器。在阶级社会，政府在本质上都是阶级斗争的工具，政府的主要职能是用暴力消灭敌对阶级和敌对势力，镇压被统治阶级和敌对分子的反抗，巩固和保卫国家主权。二是社会性。政府的社会性规定政府必须保证完成社会公共事务的管理，随着社会的进步，政府承担管理社会公共事务的责任越来越大，负担越来越重。社会主义国家在消灭阶级剥削以后，虽然还存在着阶级斗争，但政府的主要任务已经集中到发展经济、社会和文化事业，政府的主要职责已经变成对社会公共事务的管理。三是自利性。西方传统经济理论认为政府行为遵循的是“哈韦路假设”（哈韦路是英国剑桥的一条街，英国的精英大多来自这里）。哈韦路假设是指政府由这样一些一心为公的精英组成，借助于政府干预消除市场失灵，实现资源配置最优化的观点。

政府的目标就是政府所要完成的任务，国家利益是构成政府目标的基础。政府的目标是一个完整的体系，它包含如下基本内容：一是国家安全。国家安全的主要内容就是识别出对国家的生存、强盛、基本制度和价值的延续构成威胁的各种内部因素并加以排除。国家安全历来是政府的首要任务。二是经济发展。经济发展是国家强盛的基础，是改善民众福利的必由之路，因此成为政府主要任务之一。三是民众福利。能否普遍提高民众的生活水平改善生活质量，直接关系到政府能否赢得民众的支持和拥护问题。通过调节收入分配和改善公共开支结构增进民众福利也成为政府的主要目的。四是公民权利。在民主国家中，保障公民权利的行使和促进人的全面而自由的发展是政府存在的主要理由之一。当今世界，民主化已经成为一种世界潮流。顺应这种潮流，各国政府都把维护和增加公民的政治、经济、社会、文化权利作为政府的主要任务提上议事日程。五是国家竞争力和国际影响力。在经济全球化步伐日益加快和各国之间竞争日趋激烈的时代，国家的国际竞争力和影响力不仅关系到国家的强盛，甚至关系到能否维持国家生存的问题。因此，各国政府无不致力于提高国家的国际竞争力和国际影响力。

政府的目标能否得到实现主要取决于政府的能力。政府的能力是指政府特别是中央政府将自己的意志、目标转化为现实的能力。政府能力主要由以下要素构成：一是资源提取能力，指政府汲取社会经济资源的财政能力；二是价值分配能力，指政府对社会价值包括资源进行权威性分配的能力；三是社会调控能力，指政府指导社会经济发展的能力；四是合法化能力，指政府运用政治符号凝聚政治共识从而巩固统治地位的能力；五是内部协调能力，指协调政府内部各种机构和贯彻实施政策意图的能力；六是管理能力，指政府以强制性手段为依托实施法律规范约束公民行为的能力。

2. 政府的生态责任

研究政府的生态责任，首先我们要明确什么是“生态”，什么是“责任”。《现代汉语词典》中对于生态的解释是：“生物在一定的自然环境中生存和发展的状态，也指生物的生理特性和生活习性保持平衡。”对于“责任”的解释是：“①分内应做的事，尽责。②没有做好分内应做的事，因而应当承担的过失，追究责任。”“生态”和“责任”有明确的界定，但是对于什么是政府的生态责任，学术界众说纷纭，目前没有统一答案。

黄爱宝教授在《责任政府构建与政府生态责任》一文中，从责任政府框架的构建进而引入对政府生态责任的内涵解读，他认为：“政府生态责任应当是指在民主和服务价值理念指导下，以追求与实现自然生态平衡和稳定或人与自然的自然性和谐作为价值目标，在特定的生态责任制度安排中，与特定机构与职位相联系的义务和职责。”这种观点认为政府的生态责任是政府责任的一种，政府需要在民主、服务以及对社会或公民负责三方面理念的作用下，在特定的责任制度中处理好政府对自然的一种责任关系。李鸣教授在《略论政府的生态责任》一文中指出，“政府生态责任是在生态文明时代，在责任政府的现代化背景下，政府对于保持良好的生态环境应承担的责任”。这种观点对于政府生态责任的界定更强调时代性，21世纪的责任政府应当肩负起一个更具有时代感和基础性的文明——生态文明，文章也提到了国家权威性、公共性、双重性、战略性的内涵特征。龙献忠教授认为，“政府生态责任是在科学发展观的指导下，通过经济、行政、教育、法律等手段，积极地履行其在生态保护领域的应尽义务与法定职责，从而满足可持续发展的需要。”这种观点十分符合我国国情的理论解释，在科学发展观的治国理念下，行使国家的行政权力从各个方面对生态保护领域履行无缝隙的职责。

本书认为，政府的生态责任既是一种政府责任也是一种生态责任，是政府在坚持科学发展观的指导下，坚持“五位一体”的发展思路，全面推进和落实创新、协调、绿色、开放和共享的五大发展理念，运用自己职权范围内的手段，对于过去形成的生态问题进行修复，对于目前存在的生态问题进行治理，对于未来即将发生的生态问题进行防范。在生态保护领域做到全方位、无漏洞地履行责任。

（1）政府生态责任的特征

政府在履行生态责任中，具体有以下几个特征：

一是时代性。人类文明经历了原始文明、农业文明、工业文明和今天的现代文明，不同历史朝代的政府对不同时代的文明承担着不同责任，扮演着不同的政府角色。应该说，现代文明是多种文明的集合体，诸如政治文明、物质文明、精神文明和生态文明等。其中生态文明是一种崭新的文明，是21世纪一切文明的基础性文明，是21世纪赋予政府新的时代责任。

二是独立性。政府生态责任是适应生态文明建设和生态文明水平提高，在遵循自然生态规律和社会经济发展规律的基础上而建立起来的。因此，政府生态责任与政治责任、经济责任、文化责任、社会责任在实现条件、实现方式与手段以及运行机制上是有区别的，具有一定的独立性。

三是公共性。政府生态责任的首要价值是提供生态文明建设的公共服务，生态服务是政府生态管理的直接目的，促进人与自然和谐，为人类提供良好生存空间，保障人类与生态系统健康。在经济发展进程中保持良好的生态环境是政府生态职能的主要内容，这决定了政府生态责任的公共性。履行政府生态责任要正确协调生态文明建设与社会经济发展的关系，促进生态文明背景下政治、经济、文化、社会的全面协调可持续发展。

四是权威性。生态责任是生态文明时代每一个社会主体都应承担的责任，诸如政府、企业、各类社会组织和公民等。由于政府具有无与伦比的地位和权力，决定政府的生态责任具有国家号召力、影响力、强制力和权威性。因此，政府的生态责任神圣而重要。

（2）政府生态责任的目标

政府履行生态责任主要应该完成以下目标：

一是生态经济目标。生态经济目标的确定，是政府生态责任的首选目标。要从经济增长方式转变、产业结构的逐步调整、资源利用效率的提升以及科研经费投入的增加等方面来反映经济发展和可持续发展状况，要把服务业增加值占GDP的比重、高新技术产业增加值增长率和单位GDP能耗等作为测度和考察生态经济发展的主要目标体系。

二是生态环境目标。环境是发展的前提和依托，优良的环境可以促进生态文明的发展和进步，恶劣的环境只会阻碍生态文明的发展和构建。政府要从生态建设、循环经济、环境质量等方面来改善生态环境，提升环保质量。要切实把提升森林覆盖率、增加人均公共绿地面积、良好空气达标率、饮用水源水质达标率、清洁能源使用率、工业用水循环率、固体废物综合利用率以及减少二氧化硫排放量等纳入生态目标监控体系。

三是民生改善目标。政府要从人民生活改善、落实社会保障、促进社会发展和强化社会安全等方面来提升公民生活质量、创设社会和谐与良好的法制建设环境，保证人民群众的生态安全，要把城市居民人均可支配收入、农民人均纯收入、人均受教育年限、社会保障覆盖率、新型农村合作医疗参合率、城镇失业率以及社会安全指数等作为民生改善的主要指标体系。

四是生态文化目标。生态文明的建设要依赖于社会生活中的每一个公民。只有每一个公民都具有生态环保的意识，并把这种意识自觉地转化为自己的行动和行为，生态文明建设才真正落到实处。这就必须进行生态文化建设，培养每个公民的生态文化教养，使其具有与生态文明相适应的思维方式、价值观念、生活态度和消费观念。因此，要把生态文明的宣传教育普及率、文化产业增加值占GDP比重以及居民文化娱乐和消费支出占消费总支出的比重作为促进公民生态素养的主要指标。

五是廉洁高效目标。政府生态责任的理论依据建构在公共服务理论之上，政府只有提供更优质更便捷的公共服务，才利于政府生态责任的落实和贯彻，才利于持续地推进生态文明建设。因此，政府要从政府服务、依法行政和执法公正等方面来提升公共服务质量和政府公务人员廉洁程度，把行政服务效率、政府廉洁指数和公民满意度作为提升政府廉洁高效的指标核算体系。

（3）政府履行生态责任的基本原则

一是科学性原则。政府在落实和推动生态责任过程中，首先就要坚持科学性原则，立足于我国社会主义初级阶段基本国情，总结我国发展实践，借鉴国外发展经验，使政府的生态责任适应新的发展要求。

二是幸福性原则。政府在落实和推行生态责任的过程中，要以公民的幸福程度作为衡量发展水平的根本标准。无论是加快城镇化、工业化和现代化进程，还是实现经济社会发展的历史性跨越，最终目的就是要让公民共享发展的成果，努力提高公民的幸福程度。政府要把更多的精力用在解决民生问题上，用在为公民创造舒适、优美的生活环境上，使公民真真切切地感受到幸福。

三是差异性原则。政府在落实和推进生态责任过程中，要以差异性作为开展工作的一个主要指导原则。我国自西向东跨越三个阶梯，自南向北跨域三个自然带，自然条件差异显著，经济发展水平和发展路径也不尽相同。因此，在履行生态责任的时候要因地、因时制宜，坚持差异性原则。

四是协调性原则。政府在落实和推进生态责任过程中，要坚持协调发展的原则。生态文明建设的关键在于协调发展，一方面，要促使经济发展与生态环境之间的关系趋于协调，也就是说，经济发展要尽量降低资源消耗和污染排放等自然成本，走低碳经济、循环经济、生态经济之路，加大对生态环境的反哺力度，实现可持续发展；另一方面，要协调好与中央，各省、区、市以及省内各地、州、市、县的关系，生态文明构建是一个相互联系的动态建设过程，同时协调好省内各区域间的相互关系，以利于生态责任的落实和推进。

二、我国城镇化对政府履行生态责任提出的新要求

城镇化是农村转变为城镇以及城镇持续发展的过程，既然是一个过程，那么城镇化一定是动态的，而不是一成不变的。因而，城镇化进程中的生态问题也是变化的、复杂的。城镇化伴随着人口增多、土地占用与产业的发展，城镇化的推进使资源过快消耗，环境污染加剧，生态失衡等一系列“城市病”出现。且我国农村的类型繁多，形成原因各异，转化为城镇的方式也是多样的，加之我国近代城市的畸形发展，很多老牌工业城市的生态环境问题错综复杂，因而，我国城镇化进程中，在人口集聚、土地占用和产业发展等方面对政府的生态责任提出了更高的要求。

（一）城镇化进程中人口集聚对政府履行生态责任提出的新要求

在城镇化进程中人口会向城镇聚集，农村剩余劳动力向城镇转移，寻求更多的就业机会与更丰富的物质和文化资源。根据国家统计局发布的《2015年国民经济和社会发展统计公报》显示，我国“城镇常住人口为74916万人，占总人口比重的54.77%”。这表明，我国正从一个以农村和农民为主体的农业大国向以城市和市民为主体的城市时代转型。农村人口向城镇的集聚，带来了交通的拥挤、住房的紧张、噪音污染和流行病传播等城镇生态环境问题。且大量

农村人口的涌入，客观上会拉低城镇人口的总体素质。这些弊端严重地污染了自然环境，干扰和破坏了生态系统，如果没有相应的措施，势必会造成人口与资源环境的矛盾，加剧生态系统失衡。为此，政府在面临城镇化进程中人口集聚的问题时，任务十分艰巨。

1. 人口集聚给城镇交通带来了巨大的压力

人口的集聚带来了交通运输量的增加，公共交通与私家车在城镇化进程中都呈急剧增加的趋势。伴随着城镇化和汽车工业的快速发展，我国已迈入汽车时代，汽车拥有量的迅猛增加，使得机动车尾气污染物排放总量也迅速增加，氮氧化物污染呈加重趋势，导致城镇大气环境中总悬浮颗粒物浓度普遍超标，二氧化硫污染保持在较高水平，城镇大气环境污染严重。

在城镇化进程中，随着城镇经济的发展和人民生活水平的提高，城镇的机动车保有量持续快速增长，其中私人汽车拥有量增速明显。截止到2020年9月，我国机动车保有量已达到3.65亿辆，其中私人汽车占71%左右，而且，私人汽车拥有量还在以平均每年20%的速度持续增长。机动车的快速增长带来了交通能源消耗的急剧上升。目前，我国交通能耗占全社会总能耗的20%，如不加以控制，将很快上升到占总能耗的30%，并将会超过工业耗能。且我国石油储量只有全球人均水平的1/10，1993年时我国的石油基本以出口为主，而仅仅过去短短的几年时间，我国进口石油量已占需求总量的1/3。我国已经面临着严重的石油能源短缺问题。

此外，我国城镇公共交通滞后于城镇经济社会的发展，随着城镇机动化的加快，我国的大中城市交通拥堵不断加剧，公共出行分担率普遍偏低，公交乘坐舒适度、服务质量偏低。全国660个城市中，建成有轨交通线路的仅10个城市，快速交通也刚刚起步，全国总长才50余千米。公共交通出行仅占城镇居民总出行量的10%~25%。

2. 人口集聚客观上拉低了城镇人口的平均素质水平

我国农村人口过快地向城镇集聚对当地的生态环境造成了巨大的压力。客观来讲，我国农村教育基础力量薄弱，生态文明思想传播缓慢，导致农村人口的生态文化素质水平低，环境保护意识差，生态法制观念薄弱。所以，大量农村人口涌入城镇，客观上会拉低城镇人口的平均素质水平。这是政府履行生态责任的又一重大挑战。

首先，农村的生态道德认知水平有限。农民生态道德认知就是农民对人与自然的交往实践而产生的道德关系及其原则、规范等观念的认识。农民知识水平的局限，致使其对人与自然关系的认知能力受到限制。就当前而言，随着经济水平和科学文化水平的相对提高，城镇化进程中的农民通过各种途径，了解到人类生存环境遭到破坏的表层生态现象越来越多，但由于自身科学文化素质有限，他们也仅是认识到问题的存在，而其背后的深层原因，是解释不清的。因此，对于如何去保护生态环境，他们的思维是模糊的。此外，城镇化进程中的农民具有“功利”性，只有当他们生活的环境被侵犯时，他们才会进行投诉和举报，诉诸法律维护自己的合法权益。但他们对没有直接受侵害的自然生态问题毫不关注，没有真正建立起来现代意识形态的“生态道德”。

其次，农民的生态道德行为失范。生态道德行为是人在自然面前所采取的友善行动。城镇化进程中农民的生态道德认知不足、意识薄弱，就意味着他们极有可能出现生态道德行为的失范。在生产方面，由于经济水平相对较落后，面对利益和环保之间的博弈，农民往往会选择经济利益。因此，在一些乡镇企业中，小工厂为了降低成本，违规排污，甚至有些根本就不安装排污设施，浓烟乱放，污水滥排，他们意识不到比金钱更重要的东西，即他们的生存环境。由此可见，金钱利益的驱使和农民生态意识的薄弱，导致他们生态道德的行为失范。

3. 人口集聚带来流行病的传播

人口的大量集聚也为流行性疾病的暴发和蔓延提供了条件。城镇化进程中，人口大量向城镇集中，无论是居住环境还是工作环境，单位人口面积都大于农村，客观上为流行病的传播提供了条件。如猪流感、禽流感等流行性疾病的传播对城镇建设和人民的生命健康造成了难以弥补的损失和危害。这主要基于以下两方面原因：

（1）城镇流动人口多，为流行病蔓延提供条件。城镇是流动人口主要聚集地，流动人口给城镇带来的健康隐患主要有以下几个特点：

一是流动人口工作环境相对恶劣，导致流行病发病率提升。建筑业、制造业、居民服务业、住宿餐饮业以及批发零售业是流动人口最主要的五大行业，占流动人口的85.9%，其中建筑业和制造业的流动人口占总数的26.9%，这些行业属于劳动密集型，工作环境恶劣，尤其制造业的生产车间，大量工人集中在环境差的空间内作业，导致工作者免疫力下降、易感染传染病。

二是流动人口工作时间长，客观上降低了身体的免疫力。一般来说，流动人口从事的都是简单的体力劳动，他们经常通过增加劳动强度与延长工作时间来增加收入。据调查，我国流动人口的平均劳动时间为每周54.6小时，已经远远超过了劳动法规定的每周40小时的工作时间。多项研究表明，持续工作时间长的人普遍存在睡眠质量下降与不足、压力不断增加以及免疫力下降等问题。流动人口超负荷的工作引起的身体素质下降，给流行病的传播提供了可能。

三是流动人口居住条件差，便于疾病传播。流动人口出于工资水平的影响以及居住成本的考虑，“城里打工，城外居住”的现象十分明显。以北京为例，城乡接合部是流动人口最大的聚居地，2000年第五次人口普查结果显示，83.5%的流动人口居住在城乡接合部。2005年1%的抽样调查中结果显示，这一比例上升至85%。而北京市密集式集装箱垃圾站、环卫机械、公交线路和公共厕所处理站等80%以上的城市公共基础设施集中在近郊。长期居住在这里的人们忍受着空气污染严重、居住拥挤以及生活设施不完善等恶劣状况的影响。更为严重的是建筑业和制造业中的流动人口，长期居住在条件恶劣的工棚或集体宿舍中，这里是城镇流行病横行的重要场所。

四是流动人口缺少权利保障，忽视健康问题。首先，流动人口劳动合同签订率普遍低于社会平均水平。国家人口计生委调查数据显示，仅有51.3%的流动人口签订了固定期限的劳动合同，超过30%的流动人口根本未签订劳动合同。这就造成了流动人口无法享受相关的政策待遇，包括医疗保险和定期的身体检查等待遇都无法享受，而且一旦发生工伤事故，维权难度极大。且流动人口收入水平低、自身缺乏定期体检意识、文化水平低以及卫生防护知识匮乏，因而，流动人口的死亡率与疾病传播率居高不下。据统计，2011年，未参加任何社会保险的就业流动人口占52%，在三个发生工伤危险可能性较高的行业中，采掘业从业流动人口参加工伤保险的比例为58.4%、制造业从业流动人口参加工伤保险的比例为48.9%、建筑业从业流动人口参加工伤保险的比例为25.1%，这与《工伤保险条例》规定的全部参保要求相差甚远。据统计，矿山开采、建筑施工和化学危险品生产这3个工伤死亡率较高的行业，流动人口在死亡事故中所占比例竟高达80%以上。其次，流动人口接受疫苗接种率低。近年来，流动人口有近70%选择与家人一起外出务工，从而使流动人员中老人及儿童的比例不断加大，也为城市流行病的防御提出了新的挑战。流动人口随迁子女疫苗接种的问题，已经逐渐引起社会各界的广泛关注。2001年，对福建省福州市7岁以下儿童进行了调查，发现流动儿童建立保健卡率仅为40.50%，不足常住儿童85.20%建卡率的一半。在对北京市的流动人口随迁儿童进行的调查研究中，发现卡介苗、麻疹疫苗、百白破联合疫苗、口服脊髓灰质炎疫苗四种疫苗的单苗合格接种率均严重低于本市户籍儿童，接种不及时或未按照规定的间隔时间接种是影响合格接种率的主要原因。流动人口聚集地儿童传染病发病率明显高于常住人口。此外，流动人口的性病发病率明显高于常住人口。卯青松等对983名流动人口的调查表明，流动人口的性病检出率为6.41%，而同年该地性病检出率仅为0.0288%，竟相差了200多倍，更加有力地说明了这一问题的严重性。流动人口的数量和规模的扩大促使了艾滋病流行的加剧，徐臣等对流动人口与艾滋病毒感染的研究表明，有外出史的人艾滋病毒感染率明显高于无外出史的人。近年来随着人口流动的加剧，我国艾滋病毒流动病例报告数量迅速增长，2008—2011年间的流动病例所占比例也从10.2%增加到18.2%。流动人口通过性传播将艾滋病毒向一般人群传播，已成为艾滋病毒传播的“桥梁”，加强对流动人口的艾滋病毒监测与防治已经刻不容缓。

（2）城镇生活方式相对集中，为传染病的传播提供了可能。首先，城镇的生活方式相对集中，集中供水、垃圾集中处理，以及娱乐场所丰富等特点给城镇的传染病传播提供可能。尤其是城镇居民的饮用水一般都采取集中供给，这就对水质有着更高的要求，因为一旦饮用水出问题，危害的将是整个城镇居民的健康。其次，城镇餐饮业是城镇传染病传播的重要途径。城镇的餐饮业较之农村极度发达，城镇居民由于工作压力、生活方式以及思维习惯等原因，导致城镇居民在餐厅用餐概率加大。餐饮业目前已经成为疾病传染的重要场所。一方面，餐饮业人员集中，很多人集中在一个空间里用餐，加大了疾病传播的可能性；另一方面，目前我国餐饮业的卫生状况令人担忧，场地、食材和卫生情况不达标状况层出不穷，公用餐具消毒不彻底甚至不消毒，食物重复加工，化学添加剂增多等现象屡见不鲜，这些都大大提高了城镇疾病传播的概率。

综上，城镇化进程中，人口向城镇集聚给城镇带来了交通的压力、城镇人口平均素质的降低和流行病传播等生态环境问题，这些要求政府要积极疏导交通，及时兴建公共交通；加强公民文化教育，加大生态文明思想传播力度；提升疫苗接种率等，为政府履行生态责任提出了更多的要求。

（二）城镇化进程中土地占用对政府履行生态责任提出的新要求

城镇化伴随着土地的占用，土地是城镇发展的重要载体，而人地矛盾一直是我国城镇化发展的一个主要的制约因素。随着人口向城镇的集聚和城镇产业的发展，城镇的土地需求空间必然随之扩大，向周边的郊区和农村扩散，不可避免地占用耕地。在我国快速城镇化过程中，耕地保护正在遭受着前所未有的挑战：一方面，每年1300万~1500万农民进城不可避免地要扩大城镇范围；另一方面，能否守住18亿亩耕地底线，有效遏制滥占耕地的行为，确保国家粮食安全，关系到民族的安危、国民经济的稳定持续和健康发展。此外，当城镇附近土地满足不了城镇化发展需要时，围海造地和围湖造田等现象开始出现。这种改变自然地貌，谋取城镇发展空间的做法，带来了严重的生态环境问题。

1. 城镇化进程对于耕地的占用

我国城镇化进程中占用耕地主要在以下几个方面对生态环境产生了重要的影响：一是城镇化发展必然导致耕地面积减少。土地作为城镇空间扩展的重要载体，是城镇化发展的重要物质基础。城镇化发展对于土地的迫切需要，使耕地的占用变为城镇化的必然。张乐勤教授曾经基于Logistic模型，对中国1996—2011年城镇化演进对耕地的影响的数据进行分析，绘制出中国城镇化进程与耕地面积动态变化图（图1.1）。

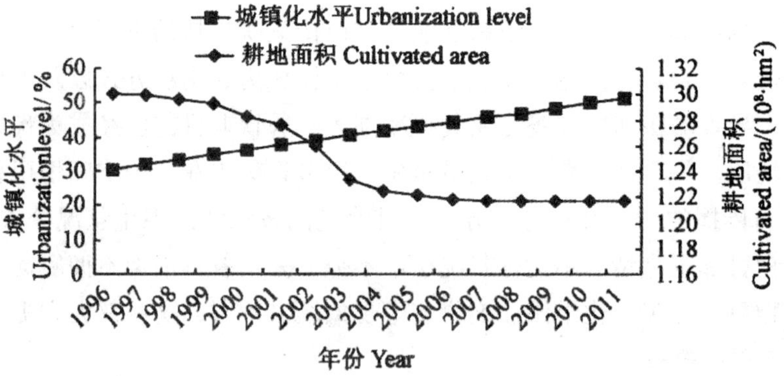

图1.1　我国1996—2011年城镇化进程与耕地动态变化

［数据来源：张乐勤，陈奎发.基于Logistic模型的中国城镇化演进对耕地影响前景的预测及分析[J].农业工程学报.2014（4）：9.］

由图1.1可知，中国城镇化水平从1996年的30.48%提升至2011年的51.27%，年平均增长1.38个百分点，导致了耕地面积由1996年的1.30亿公顷降至2011年的1.22亿公顷，年均减少55.92万公顷。城镇化的发展与耕地面积的减少呈明显的正相关关系。

二是我国特殊的地理条件导致城镇化占用优质耕地。我国快速城镇化地区与高产耕地在地理空间上呈高度重合，基本上分布在沿海地带。农业上有一种术语叫“复种指数”，同样的耕地，处在沿海这一带，其复种指数是2.5~3.0，也就是说，一块地一年最多可以种3次，粮食产出比其他地区高出3倍。而那些高寒地区，复种指数只有1.0，同面积的一块耕地，与沿海地区相比，产量差好多倍。我国沿海城市承受了60%的城镇化压力，所以城镇化进程中不可避免地占用了大量的优质耕地。此外，我国宜居的一类地区只占国土面积的19%，加上二类地区，宜居土地一共只占26%左右，且大部分也集中在沿海地带。所以，我国快速城镇化地区和宜居地区在地理上与优质耕地高度重合，使得城镇化进程中耕地保护的任务变得倍加艰巨。

根据土地资源承载指数（土地资源承载指数（LCCI）是指区域人口规模（人口密度）与土地资源承载力（或承载密度）之比，反映区域土地、粮食与人口之间的关系。LCCI ≥ 1.125为土地超载区；0.875 ≤ LCCI < 1.125为人粮平衡区；LCCI < 0.875为粮食盈余地区）及其人粮平衡关系分析，基于县单元（对同一城市地区中的县域单元归并为城市单元，归并后全国共有2362个分县单元）可以将不同地区划分为土地超载地区、人粮平衡地区和粮食盈余地区3种不同类型地区。目前，我国现有1087个分县单元属于土地超载地区，土地面积约占全国的43.5%，相应人口6.19亿，约占全国的47.4%，主要分布在西北干旱地区、青藏高原、黄土高原、云贵高原和华北地区；有473个分县单元属于人粮平衡地区，土地面积约占全国的25.5%，相应人口2.54亿，约占全国的19.4%，主要集中在东南地区；有802个分县单元属于粮食盈余地区，土地面积约占全国的31.0%，相应人口4.34亿，约占全国的33.2%，主要分布在东北平原、华北平原和长江中下游等地。

由此可见，我国土地承载指数高于1.125，人粮关系紧张地区约占全国的一半；粮食盈余地区仅占全国的三分之一左右，而此地区又是快速城镇化地区。随着该地区人口的大量持续涌入，我国的人粮关系将变得更加紧张。

据预计，到2030年，我国将达到人口高峰，将有人口16亿人。按照现代化经济体的粮食消费水平下限来计算，人均450千克，16亿人口就要7.2吨。截止到2003年，中国的耕地面积只剩下18.5亿亩，按照国土资源部的规划，中国耕地保护底线是18亿亩，到2030年粮食亩产水平要达到558千克才只能保证6.7亿吨的总产出，较之目前的全国平均的单产水平要提高168千克。在如此严峻的情况下，18亿亩耕地底线是绝对不可触碰，未来我国的城镇化进程中占用耕地的最大限度只有0.5亿亩耕地，这给政府提出了前所未有的挑战。

2. 城镇化进程中存在围海造地和围湖造田等方式增加城镇土地面积

围海造地和围湖造田是扩大土地面积的一种普遍方式。被造土地一般有两种利用方式，一种是直接发展为城镇，纳入城镇土地范围内，用来发展城镇产业或者居住；另一种是城镇发展占用农田，农民围湖造田用来发展农业，或是因为城镇人口急剧上涨，为了粮食供应而采用围湖造田方式，来增加农田面积。

（1）围海造地

城镇化进程中，由于大规模的经济建设占用了不少土地，令土地紧张的局面更为严峻，因此我国很多沿海地区，例如广东、福建、浙江等地开始了围海造地。围海造地的经济社会效益明显，能及时缓解城镇化进程中所产生的人地矛盾。但另一方面，围海造地对生态环境造成了不可忽视的影响。因为海岸带是海陆相互作用的复杂地带，这里既不同于纯粹的陆地，又不同于纯粹的海洋。海洋动力条件、生态环境的变化，会影响到海岸线及沿岸陆地，沿岸的人工建筑、岸线的变动、海岸生态条件变化等，也会引起海洋环境的变化。

首先，围海造地工程对海洋生态环境造成了严重破坏。兴建围海工程，会导致有关海域的地形、地貌和水文等自然条件的改变，从而影响动物的栖息环境和植被演替。围海造地加剧了海洋环境污染，使重要渔业资源遭到破坏以及海岸自然景观破坏。由于规模不断扩大的围海造地活动使我国近岸湿地面积锐减，生态系统严重退化，许多重要的经济鱼、虾、蟹、贝等海洋生物的产卵、育苗场随之消失；同时作为鸟类栖息地的功能也被削弱，生物多样性大为下降。围海造地还使我国气候发生不利变化。经考证，沿海湿地的消失，可以加重内陆的旱情。因为陆地上的水分通过大气环流得以与海洋交换，如果陆地上湿地减少，云就很难形成，降水就会逐渐减少。围海造地增加的是陆地，消失的是有重要生态功能的近海湿地。围海造地还使海洋环境污染加剧，大规模的围填海工程直接造成大量的工业垃圾，从而加剧了海洋污染。大规模的围填海工程也使海岸水动力系统和环境容量发生急剧变化，从而大大减弱了海洋的环境承载能力，减少了海洋环境容量。

其次，围海造地造成了与海洋产业之间的矛盾。因为随着海洋经济的不断发展，各行业对围海造地的需求逐渐增大，资源供需矛盾日渐突出，各海洋产业之间的矛盾也不断激化。围海造地与养殖业之间的矛盾表现为：围海造地占用养殖业发展空间，改变了水动力条件，对养殖环境造成负面影响；围海造地，也限制和挤占了盐业发展空间，港口建设和工业区建设实施后，因废弃物的排放，将造成附近海域水质标准下降，影响盐业的取水环境。

（2）围湖造田

围湖造田主要集中在长江流域，原因有二：一是长江流域水系发达，河流、湖泊众多；二是此地自古以来人口密集，改革开放以后又是我国城镇化进程最快的地区之一。所以，此地区人地矛盾极其严重，人粮关系愈加紧张，围湖造田成为人们解决城镇化进程中耕地面积不足、粮食紧缺的重要途径。以洞庭湖为例，其围湖造田开始时间早，技术成熟，成效显著，为解决粮食紧张问题做出突出贡献。曾有人称赞“湖广熟、天下足”。而今天，洞庭湖已经成为长江中游最大的水利工程与生态治理难题之一。水利工作者对1996年洞庭湖特大洪涝灾害进行分析，明确指出，这次洪涝灾害的成因除自然原因外，围湖造田是造成和加剧洪水成灾的重要原因。作为吞吐长江、四水的洞庭湖，却因泥沙淤积和围垦等原因，近几十年湖盆平均壅高1.23米，外湖面积净减1659平方千米，容积相应减少119×108立方米，湖泊天然调蓄功能因此而减少20.1%，这是导致湖区1996年洪水规模不及历史，洪水位超历史，且成灾时间长，涝灾面积大的症结所在。围湖造田的初衷是想构建旱涝保收的稳产稻田，岂料由于洞庭湖湖盆不平，围湖造田必须修建高堤，致使外湖湖面和稻田间高度差很大，湖水反浸稻田，导致内涝加剧，粮食减产。此外，由于围湖造田，洞庭湖区水产品锐减，很多水产资源甚至消耗殆尽。而且围湖造田造就的水域与稻田正面对立完全改变了生物多样性并存、制衡的基础。众多有经济价值的水产由于失去了繁殖场所、洄游路线受阻、饵料基础丧失等诸多原因而大量锐减，这是任何简单的科学技术手段都无法挽回的极大损失。

综上所述，城镇化进程中对于土地的占用引起了耕地面积减少和围海造地、围湖造田等损害生态环境的做法，政府需要保护耕地，避免因城镇化进程中对优质粮田的占用而导致粮食危机，缓解因围海造地和围湖造田而引起的生态环境问题，这些对政府履行生态责任是一个严峻的考验。

（三）城镇化进程中产业发展对政府履行生态责任提出的新要求

产业是城镇发展的支撑，城镇化就是一个以第一产业为主体的农业社会向以第二、三产业为主体的现代社会转变的过程。而长期以来，我国的城镇化存在着严重的产业结构不合理和产业污染严重等问题。在我国城镇的产业结构中，耗能低、排放少的第三产业明显落后于高消耗、高排放的第二产业。很多城镇的企业以及农村的乡镇企业依旧采用陈旧的设备和落后的工艺，从而产生大量的工业废水、废气和废渣等。目前，我国第二产业能源结构中，煤炭占70%以上，而煤炭是悬浮微粒、二氧化硫与酸雨等城镇空气污染的主要原因之一。此外，我国每天排放的工业污水超过1亿吨，其中80%以上未经任何处理直接排入水域，导致河流、湖泊以及水库遭受污染，水质不断下降。由于产业在城镇化进程中居于主体地位，所以，城镇化进程中，产业发展对政府履行生态责任提出的挑战最严峻。主要表现在以下两个方面。

1. 原有城镇的产业发展对政府履行生态责任提出的要求

过去一段时间，我国城镇的发展很大程度上是依赖自然资源的开发和利用，依靠地方的资源优势发展相关产业。我国很多城镇，尤其是中华人民共和国成立初期发展起来的老工业基地，几乎都是资源型的工业城镇。例如，大庆的石油产业、攀枝花的钢铁产业和山西的煤矿产业等。这些产业的发展带来了地区经济的快速增长，随之城镇化进程加快。但是，此类城市在发展中存在着严重的生态环境问题，主要体现在以下两个方面：

一是产业结构单一。我国很多依靠资源优势发展起来的城镇都存在产业结构单一的问题。这类城镇经济增长过分依赖自然资源的产出，产业结构中初级产品占绝对优势，经济单极化现象突出，其兴起、发展和落寞与资源有着密切的关系。城镇经济因可开采资源的减少而枯竭后，没有可代替的支柱产业，城镇发展后劲不足，全国范围内出现很多资源枯竭的城镇。近年来，这些城镇随着资源的日益减少，城镇的经济危机和生态危机日趋严重，这种“不持续”的粗放型产业发展之路为城镇化的进一步发展带来严重的生态环境障碍。

二是城镇功能单一。在我国很多老牌的工业城镇和资源型城镇中，产业的功能就是城镇的功能。由于城镇发展高度依赖产业和它所提供的公共产品，使得城镇功能发展不健全。资源的开采和工业的发展给城镇带来了可观的经济利益，“先生产，后生活”“先矿井，后配套”的思想在我国原有的城镇化发展中盛行，城镇与产业发展关系紧密致使其他基础设施严重匮乏。城镇的绿化、环卫和教育发展滞后于产业发展，为城镇的生态危机埋下了伏笔。目前，很多弊端已经逐渐暴露出来，亟需政府积极履行生态责任，确保城镇持续发展。

2. 乡镇企业的发展是政府履行生态责任的重中之重

农村的城镇化主要依托乡镇企业的发展，随着乡镇企业的发展，农村逐步减少农业生产的比重，转变为城镇。乡镇企业既是农村向城镇发展的主要内在动力，也是农村对于生态环境影响最严重的部分。这是因为，乡镇企业由于资金、技术、生产工艺和人员素质等因素，在企业发展中，存在着严重的攫取经济利益而牺牲生态环境的现象。乡镇企业不具有城镇现代大企业的科学技术与管理方式，他们主要是就地取材，且工艺技术落后，几乎没有对于垃圾、污水处理措施。同时，小农思想贯穿于乡镇企业发展之中，缺少前瞻性，只顾眼前利益，给农村地区带来了严重的生态环境灾难。一些边远地区，乡镇企业倾其全力发展经济之时，却忽略了生态环境的保护，结果使得经济发展与生态环境的矛盾异常突出，地区社会经济的持续发展受到严重威胁。

例如，我国贵州西部地区，是典型的依托当地矿产资源实现城镇化的，采矿业是当地的主导产业。20世纪90年代以来以采矿业为主的乡镇企业获得一定发展。在六盘水市，小煤窑遍布该市所辖的各个乡镇。由于小煤窑缺乏资金和技术力量，且小矿主们急功近利，所以开采方式极为粗放，在煤矿资源丰富的地方到处打洞开采。这种不科学的开采造成矿区资源的极大浪费，进而带来的隐患还导致矿山提前报废，一些大型煤矿的机械化生产也严重受阻。毕节地区西部的威宁、纳雍、赫章等县蕴藏着丰富的煤、铁、铅、锌等矿藏。20世纪八九十年代，当地人利用这些丰富的资源发展炼冶工业，乡镇企业繁荣一时。这些乡镇企业主要是粗锌冶炼，资源浪费极其严重。长期的掠夺性开采使该地矿产资源趋于枯竭，本该发展起来的经济并未得到应有的发展，而且还使环境污染十分严重。20世纪90年代，冶锌小厂遍地开花，杂乱无章地分散在漫长的国道线上，导致公路两旁浓烟滚滚，空气中布满粉尘，环境污染极其严重。更为严重的是浓烟随风侵袭附近的城镇和乡村，极大地威胁到附近居民的身体健康。

此外，城镇化进程中，人口的集聚和产业的发展都带来资源消耗和垃圾增加。人口向城镇集聚，在城镇生产生活，需要消耗大量的资源。人们生产、生活所需要的衣、食、住、行、用等无一不伴随着资源消耗。人们生活需要空气、水、粮食以及燃气，人们出行需要交通工具，人们居住需要房屋，人们取暖需要煤炭等，这些都增加了对水资源、森林资源、煤炭资源以及石油等资源与能源的消耗。

随着城镇化进程不断加深，人们生产和生活所产生的固体废弃物日益增多，特别是不能回收又不能降解的废弃物，给生态环境带来极大的危害。有资料表明，我国90%以上的城镇垃圾在郊外或农村堆放或填埋，截至2011年累计堆放或填埋总量超过60亿吨。2019年，全国337个一至五线城市的生活垃圾产量约达3.43亿吨。有很多城市形成了垃圾围城等现象，导致水体污染。由于垃圾排放无序，利用率极低，大部分都露天堆放，不仅占用大片的耕地，还可能传播病毒、细菌，其渗透液还会污染地表水和地下水。

产业是城镇化发展的支撑，政府如何平衡产业发展对资源环境的消耗和损害与城镇化持续发展之间的关系，是城镇化进程中政府履行生态责任的重中之重。

综上所述，城镇化进程中，人口的集聚，土地的占用以及产业的发展无一不伴随着生态环境问题的产生。国外关于城镇化水平与资源环境的关系得出了基本结论是：城镇化水平与环境污染呈倒“U”型关系，即在城镇化初始阶段环境污染呈快速增长的趋势。当城镇化发展到一定时期，环境污染会有所下降。我国目前处于城镇化加速发展时期，城镇化水平与环境污染呈现出正相关的关系。在此背景下，城镇化进程中，政府所承担的生态责任格外严峻。

三、政府是城镇化进程中生态责任的主要承担者

在城镇化进程中，生态环境问题与城镇未来的经济、政治和社会等问题交织在一起，尤为错综复杂，影响甚至决定了城镇的发展前景。且生态环境问题具有很强的外部性，无法通过市场价格反映出来。因此，在解决城镇化进程中的生态环境问题时，只能由具有公共性和权威性的政府作为主导力量。政府是城镇化进程中生态责任的主要承担者，主要体现在规划城镇发展，制定相关城镇生态制度和提供城镇生态公共产品等方面。

（一）政府是城镇发展的规划者

城镇发展规划是解决城镇化进程中生态问题必不可少的前提和基础，涉及城镇发展的未来。通过制定城镇发展规划，可以明确未来城镇的重点任务，优化城镇布局，引导城镇建设，预估城镇资源、能源使用数量与发展方式以及确立城镇生态目标等。城镇规划涉及经济、政治、社会、文化和生态等各个方面，具有综合性、总体性和长期性，直接决定着城镇未来的生态环境质量，是实现城镇可持续发展的重要手段。

在城镇发展规划中，为了克服其外部性，必须由作为公共权力部门的政府作为城镇规划的主导力量。在制定城镇发展规划时，地方政府与中央政府是建立在地方利益双重性（一致性和相对独立性）的基础之上的。地方与中央的根本利益具有一致性，都是为了经济发展，实现城镇可持续发展，改善生活环境质量，促进社会进步。中央政府可以站在战略高度，全面把握国际、国内城镇发展规律，统筹城镇经济与社会发展、人与自然和谐发展以及城镇发展的眼前利益与长远利益，制定具有科学性、宏观性、前瞻性、约束性和全局性的城镇发展规划。地方政府依据各地区的自然禀赋、地理位置和经济发展程度等因素，因地制宜地确定城镇发展目标，探索城镇具体发展路径。根据地方的具体实际情况，完成中央政府下达的计划，协助中央实现发展战略，引导城镇化走生态文明的道路，实现城镇可持续发展。

（二）政府是生态制度的供给者

我国城镇化进程在时间和空间维度上的极度压缩，在地域上集中在东部地区，所以城镇化进程中的生态环境问题呈现出频度高、强度大、类型多样、相互关联、扩散性强等特征。因此，城镇化进程中生态环境问题的平稳、有效解决需要制度甚至是完整的制度体系的规范与调节。制度是城镇化有序运行和城镇生态问题平稳解决的重要激励和约束手段。制度建设可以在城镇化建设中，严格把经济主体对自身利益最大化的追求限制在城镇生态环境承载力的范围之内，抑制经济主体在利益的诱惑下产生浪费资源、污染环境等机会主义行为，督使经济主体承担由于自身经济活动所引起的生态环境问题的补偿成本，为城镇化建设进程中达到人与自然的和谐发展创造条件。

政府是国家机器的主要组成部门，具有阶级性和社会性，拥有机关和权威性。政府作为特殊的社会组织，处于客观的地位，充当“仲裁人”和“游戏规则的制定者”角色。这种角色使他可以建立一种“秩序”，它不仅作用于统治阶级与被统治阶级之间，而且也作用于统治阶级内部的不同利益集团之间和被统治阶级的不同利益群体之间，作用于整个社会的全体公民。这种角色具有真正的“公共性”，任何社会组织、团体、个人的“偏私性”都必须服从于政府的公共性这个大局，即使是统治阶级及其成员也概莫能外。所以，城镇化进程中的生态环境制度以及相关的制度体系只能由政府来制定。

（三）政府是生态公共产品的提供者

生态公共产品包括生态基础设施和生态公共服务两部分。城镇生态公共产品可以维系自然过程和调节人居环境质量。维系自然过程包括物种保护、水土保持、维持水体自净能力等；调节人居环境质量包括：缓解交通污染和噪音污染、净化空气、降低热岛效应、增加城镇绿化、促进社会经济发展以及导向和约束城镇扩张。生态公共产品具有全民共享的公共性与同一性，通过生态公共产品供给可以惠及每一位城镇居民，有效保障城镇的可持续发展。

城镇的生态公共产品具有很强的外部性，具有非排他性、非竞争性、效用的不可分割性等特点，无法由企业或者是个人提供，只能由政府提供，或者以政府为主提供。首先，生态服务因其流动性和地域连贯性特征而使其在技术上不具分割性。在一定的生态承载能力下，生态公共产品对于社会个体是均等的，每个人都有同等的机会与权利去对其消费。正因如此，生态公共产品的价值很容易被人们忽略，其非排他性使“搭便车”消费成为自然，造成生态公共产品的成本无人承担。其次，生态公共产品的产权界定困难。从产权主体看，生态资源环境为全体公民所有，如果考虑代际问题，则后代人也包括其中，很难界定环境资源的产权。而且，从生态资源环境的开发者或破坏者角度看，很多情况下，其开发主体和破坏主体不明晰，所以，政府必须出面承担起生态资源环境的责任。例如，生活垃圾和生活污水对河流的污染，有可能全市大多数居民都曾经向河里倾倒过垃圾与污水，很难界定谁是主要破坏者，这时，政府就必须成为河流环境治理的主力。第三，从生态服务受益者角度看，生态资源的保护、修复所产生的生态公共产品的受益者是社会全体成员，受益主体的范围和程度无法具体区分和精确地衡量。因此，解决城镇化进程中的资源环境问题、增加城镇生态公共产品供给不仅离不开政府，而且必须发挥政府的引领和主导作用。

此外，政府还是城镇化进程中生态科学技术的主要促动者和引进者，环境信息的主要收集者和公开者，生态环保意识的主要普及者，税收财政的主要分配者等，拥有多重重要身份。因此，在城镇化进程中，政府是生态责任的主要承担者。

四、我国城镇化进程中政府履行生态责任的重要意义

生态问题实质上是一个重大的政治问题，尤其在环境日益恶化和生态危机的推动下，生态学逐步和政治学“联姻”，促使生态政治学的产生。而政府作为公共权力部门，将生态环境因素纳入自己的职责范围之内，在城镇化进程中履行生态责任具有重大的意义。只有政府认真履行生态责任，才能解决好城镇化进程中存在的生态问题，环境资源短缺与生态环境恶化，促进生态文明建设，建设生态宜居城镇，实现新型城镇化，构建社会主义和谐社会，以及提升中国在国际上的地位。

（一）有利于解决我国城镇化进程中资源短缺与环境恶化问题

城镇化的快速发展虽然带动我国经济的腾飞，使我国人们生活水平得到了显著的提高，为全面实现小康社会作出了不可磨灭的贡献，但是，以往的城镇化发展是建立在向生态环境和自然资源的大量索取基础之上，通过对资源的粗放开采和低效率利用来实现的。因此，日益恶化的生态环境、资源的短缺和生态失衡等问题已经严重束缚城镇化的进一步发展。政府及时有效地履行生态责任，有利于解决我国城镇化进程中资源短缺与环境恶化问题，确保城镇的可持续发展。

1. 使城镇化发展逐步摆脱资源的束缚

长期以来，城镇化的发展多是依赖丰富的自然资源条件，例如煤炭、钢铁等矿产资源。但是，经过多年的粗放型发展，很多资源型城镇由于资源的枯竭，城镇化发展也出现了停滞甚至倒退等现象。政府在城镇化进程中履行生态责任，引进高新科技，督促企业安装节能减排装置，改造原有高消耗产业，可以有效引导城镇产业结构优化升级，实现第二产业由高消耗、高污染、高排放的“三高”发展模式，向低消耗、低污染、低排放的“三低”发展模式转变，减少了产业发展对资源、能源的依赖；政府采取各种措施促进第三产业发展，积极建立绿色产

业、低碳产业、现代产业，使城镇主导产业发生转变，逐步实现城镇产业的总体发展脱离资源的束缚，进而实现城镇经济、社会和自然的可持续发展。

2. 为城镇化的持续发展提供优良环境

城镇环境质量如何关系到城镇的发展速度与前景，一个城镇只有拥有优良的环境才会吸引更多的人口聚集于此，发展经济，定居生活，才会吸引更多的国内外资金，确保产业发展以此来支撑城镇发展。政府履行生态责任，确保城镇环境优美，避免资源枯竭，把城镇打造成宜于人们生活的空间，确保居民的生活、工作环境山川秀美、空气新鲜、水域清澈、绿化适宜，使城镇拥有持续发展的基础与动力，赋予城镇足够的吸引力，促使城镇实现永续发展。

（二）有利于促进我国生态文明建设

生态文明是社会文明在自然环境中的扩展，是一种比工业文明更进步更高级的文明形态。生态文明的建设是顺应人类文明发展的必然选择，是解决经济高速增长过程中所面临的诸多问题的必然要求，更是完善我国社会主义文明建设体系的迫切需要。城镇是生态文明建设的重要载体，城镇化进程中政府履行生态责任有利于生态文明思想的传播，生态文明生活方式和消费的传播，以及生态法制的完善，实现城镇乃至整个社会的生态文明建设。

1. 有利于生态文明思想的传播

目前我国的城镇化尚未全面实现，但出现了较为严重的生态环境问题。因此，中国需要同时完成城镇化建设和生态文明建设的伟大历史任务。这就决定了我国必须将生态文明建设与城镇化建设并举，走一条新型的城镇化和现代化发展道路。

一般来说，城镇不仅是一个地区的经济、政治和交通等中心，更重要的是一个地区的文化中心。城镇文化的主要传播载体，对其周围有着极强的文化辐射力和带动力。政府在城镇化进程中履行生态责任，通过教育手段加强环境道德教育，培养全社会的生态环境感悟能力，有利于人们了解环境问题，培养环境意识，并且获得治理环境污染和防止新的环境问题产生的知识和技能。此外，在城镇建设中，政府通过加强生态文明建设的舆论导向，传递环保信息，有利于在全社会形成弘扬生态文化，崇尚生态文明的良好氛围，把节约资源、保护环境的观念渗透到城镇居民的行动中，让广大市民参与到环境保护工作之中，促使城镇走绿色发展之路。

2. 有利于与生态文明相适应的生活方式和消费方式的普及

城镇化进程中，政府积极履行生态责任，大力发展低碳经济和循环经济，强化对资源能源的合理开发利用，推动节能减排，有利于生态文明的生活方式和消费方式的形成与普及。

在城镇化进程中，政府积极履行生态责任，通过制定绿色行为规范，增加政府的绿色投资和监管绿色企业的生产等途径，引导城镇居民形成以绿色、自然、和谐和健康为主题，利于人类健康、环境和资源保护的生活方式和消费方式。即，在生活上，带动居民形成节约资源、减少污染、重复利用和保护自然的绿色生活；在消费上，形成消费对象选择未被污染或有益于公众健康的绿色产品，消费过程节约资源，注重生态平衡和良性循环，消费结果对自己有益，对他人无害，同时对环境不会产生负面影响。实现城镇的绿色生活方式和可持续消费。

3. 有利于生态法制建设

政府履行生态责任，运用法律手段解决城镇化进程中的生态环境问题，把普遍适用的手段和方法以法律的形式保存下来，对以后的城镇化进程中出现的生态问题是一个很好的借鉴，从而更有利于生态法制的建设。在城镇化进程中，政府全面落实“保护优先，预防为主”的方针，针对不同区域生态破坏的原因和特点，推进生态环境保护战略，生态环境保护与建设不断加强，并且把这些成功的做法与经验规范成法律，有利于我国的生态法律体系。

（三）有利于构建以改善民生为本的社会主义和谐社会

1. 有利于提高人们生活质量，确保居民身心健康

城镇化进程中，政府积极履行生态责任，保证城镇资源丰富，环境优良，改善人们的生活环境，有利于人们生活质量的提高，保持身心愉悦，使人们的生活在物质上和精神上都得到满足。首先，政府履行生态责任，有利于保证城镇居民的物质基础。政府通过一系列措施，防止城镇资源枯竭，保证城镇物种多样性，确保居民生产生活的物质基础，实现社会稳定。其次，城镇实施绿色发展道路，保证居民的食物绿色、健康，饮用水卫生，生活环境良好，有利于保证人们的身体健康。

2. 有利于社会和谐与稳定

生态问题本身就是一个重大的政治问题，政府若要保证社会稳定、和谐，

良好的生态环境是必不可少的。政府积极履行生态责任，满足人民的生态诉求，及时解决社会存在的生态环境问题，尤其是明显影响到居民现实利益的生态环境问题，能有效地减少生态冲突，保证社会稳定。

目前，我国城镇建设中，环境冲突现象此起彼伏，政府履行生态责任，防止环境问题的产生，可以从根源上杜绝环境冲突事件的发生。此外，政府通过规章制度的形式，规范人们的行为方式，通过教育、引导的形式教化社会成员节约资源，保护环境，带领整个社会实现井然有序的发展方式，使乱砍盗伐、违法捕杀、粗放开采、随意倾倒、随地吐痰和乱涂乱画等现象逐渐消失，进而实现整个社会的和谐与稳定。

（四）有利于促进我国新型城镇化发展与生态宜居城市建设

1. 有利于我国城镇建设走新型城镇化道路

新型城镇化是在城镇化进行到一定程度时提出的，它是以科学发展观为指导思想、以人为本为理念、新型工业化为动力支撑、统筹兼顾为原则，促使城镇向生态化、集约化、现代化方向发展。新型城镇化的核心在于不以牺牲农业和粮食、生态和环境为代价，着眼农民，涵盖农村，实现城乡基础设施一体化和公共服务均等化，促进经济社会发展，实现共同富裕。城镇化进程中，政府履行生态责任的目的和新型城镇化建设的目标不谋而合。在城镇化建设中，政府通过对城镇内部现有资源的整合，优化城镇结构，完善城镇功能、使城镇化的质量内涵不断提升，实现城镇建设走科学发展、社会和谐、功能完善、集约高效、环境友好、各具特色、协调发展的新型城镇化道路。

2. 有利于我国生态宜居城镇建设

自北京市政府在2005年《北京市城市总体规划》中，首次出现“宜居城市”的概念以来，中国已经有超过100个城市在规划生态宜居城市的建设。“宜居城市”指经济、社会、环境以及文化协调发展，人居环境良好，能够不断满足人们的物质以及精神生活的需要，能够适宜人类生活、工作以及居住的城市。政府在城镇化进程中履行生态责任，改善城市生态环境，建设城市基础设施，完善城市功能，有利于把城市打造成气候宜人、生态景观和谐、人工环境优美、治安环境良好的宜居城市。在政府的积极努力下，城市可以逐步实现人文环境与自然环境相协调，城镇经济持续繁荣，社会和谐稳定，文化氛围浓郁，设施舒适齐备，适合人类工作、生活以及居住，可以使全国拥有越来越多的宜居城市。

（五）有利于逐步提升我国的国际地位

在全球化的大背景下，任何一个国家的发展都离不开国际大舞台。随着生态环境问题在全球范围内的蔓延，生态危机在世界各国的爆发，生态环境问题已经在国际社会上得到了普遍的重视，逐渐成为加强国际合作、交流的重要桥梁。同时，在国际关系领域，环境问题正在变得与“和平与安全”同等重要，上升为“高政治”问题。因此，一国在环保外交中的表现将成为其能否树立良好国际形象和提升国际影响力的重要因素。强化政府生态责任以提升国际形象和影响应是中国重视环境外交的主要出发点之一，是国家能融入国际大舞台，加强国际合作，保证国家安全，在国际上发挥重要作用的必然举措。

1. 有力地驳斥“中国环境威胁论”

在全球变暖的话题逐渐成为全球焦点时，“中国环境威胁论”的政治论调逐渐升温。所谓“中国环境威胁论”，无非是通过炒作“中国将成为全球最大的温室气体排放国”“中国是气候变化的主要威胁”等，从而要求中国像发达国家一样“承担起减排的责任”。在“中国环境威胁论”的炒作中，我们也能依稀看到“中国资源威胁论”“中国经济威胁论”的影子。炮制这些“威胁论”的一般套路是，提出中国在快速发展过程中某一领域显著增加的数量，如资源需求量或二氧化碳排放量，对这一数字不进行任何客观的、历史的分析，对中国的相关努力视而不见，得出中国已构成威胁的结论，并要求中国做出相应改变。这无疑是少数发达国家转移国际注意力、减轻自身压力的好办法。

政府积极履行生态责任，及时解决城镇化进程中的生态环境问题，是对于“中国环境威胁论”作出的回应。强化政府生态责任，让世界看到中国政府在生态环境治理方面的努力是树立良好的国际形象，驳斥“中国环境威胁论”的重要手段。强化政府生态责任，建设生态宜居城市和美丽中国，也是让中国城市用实际生态环境说话，向世界展示中国并非是致使全球气候变暖，影响全球环境恶化的罪魁祸首，是应对“中国环境威胁论”的必然选择。

2. 有利于逐步加强生态建设的国际合作

我国政府在城镇化进程中履行生态责任，积极学习和借鉴发达国家环境保护的先进技术和管理经验，积极参与生态环境相关领域的国际事务，密切注视国际社会有关环境与金融、环境与贸易等方面的新动向，及时研究制定对策措施，有利于在建立新的国际贸易、生产分工体系和国际经济、贸易新秩序的过程中，巩固和发展与生态环境有关国际机构和国家之间的友好合作关系，通过生态环境事务寻找国际合作契机，加强与世界环境机构和国际环境组织的合作，扩大环保利用外资的规模，树立负责任的大国形象。

3. 有利于凸显社会主义国家生态文明建设的优越性

生态环境问题已经成为全球性的问题，各国都在积极地应对，寻找其解决方案。尽管西方国家面对生态环境恶化和全球气候变暖也进行了积极的治理，但是没有上升至“文明”的层面，与中国的生态文明建设相比具有狭隘性。城镇化进程中政府履行生态责任，明确中国政府解决生态问题的手段和受益主体都不尽相同，这些差异表明社会主义的生态文明建设具有全面性、人民性，可以从根本上解决生态环境问题，进而凸显了社会主义制度的优越性。

第二章

我国城镇化进程中政府履行生态责任的理论依据

城镇化进程中政府履行生态责任要依据一定的理论基础，汲取人类文明中的优秀成果，将国内外的生态文明思想与优秀的政府管理理论应用于实践之中。只有以科学的理论指导，政府在城镇化进程的实践中才能切实履行生态责任，解决生态问题。本章着重介绍马克思主义经典作家关于资源环境的主要思想，中国化马克思主义的生态文明思想以及西方学者关于生态文明建设和政府生态责任的相关理论，为城镇化进程中政府如何履行生态责任提供理论支撑。

一、马克思主义经典作家关于资源环境的主要思想

辩证唯物主义与历史唯物主义是马克思主义理论的基本哲学观点，贯穿于整个马克思主义理论体系。从马克思主义理论的创作者到后来的各马克思主义理论的继承者一直延续着唯物主义理论的基本思想，世界各国和各个时期的马克思主义者都将其作为自己的理论主线。马克思主义的唯物主义物质观为马克思主义的生态思想奠定了理论基础，唯物主义的世界观与历史观形成了马克思主义理论尊重自然、保护生态环境的思想观念，为目前和今后的中国政府乃至世界各国政府解决生态环境问题提供了理论借鉴。

（一）马克思、恩格斯：本体论维度的物质自然观与实践论维度的人化自然观

马克思主义产生于19世纪中期，起源于对西方传统哲学思想的批判。西方传统的哲学思想一直受古希腊的二元思维方式的影响，在自然观上也呈现出二元的特点，认为人类社会与自然界是相互分离的，甚至认为自然界是人类社会发展的阻碍和敌人。马克思、恩格斯对传统的哲学思想进行了无情的批判，得出了一元论的思想和科学的生态观。

1. 马克思、恩格斯的主要生态思想

马克思、恩格斯的生态思想十分丰富，集中体现于其辩证唯物主义与历史唯物主义思想之中。包括人与自然的关系、人与人的关系以及人与社会的关系等多个维度。

（1）人与自然的关系

马克思、恩格斯的生态观是对西方文明中关于人与自然关系思想的合理继承，特别是资本主义发展以来，人与自然关系的分析和思考，揭示了生态危机

出现的症结所在，找到了生态危机解决的可持续道路。马克思、恩格斯的生态观是一整套完备的生态观，人与自然是马克思、恩格斯生态观的基本立足点，也是其生态观的基本内容。

第一，人是自然界的产物。马克思作为唯物主义阵营极具代表性和开创性的哲学家、思想家，他首先将自然界的地位设置在现实层面。马克思针对以往形而上学把精神与自然对立起来，认为自然是精神外化的观点，提出了自己对人与自然关系的独到见解："人直接的是自然存在物。人作为自然存在物而且作为有生命的自然存在物，一方面具有自然力、生命力，是能动的自然存在物，这些力量作为天赋和才能、作为欲望存在于人身上；另一方面，人作为自然的、肉体的、感性的、对象性的存在物，和动植物一样，是受动的、受制约的和受限制的存在物。就是说，他欲望的对象是作为不依赖于他的对象而存在于他之外的，但是这些对象是他的需要的对象，是表现和确证他的本质力量不可缺少的、重要的对象。"因此，马克思说："关于某种异己的存在物、关于凌驾于自然界和人的非实在性的承认的问题，实际上已经成为不可能的了。"马克思的这一论断充分肯定了人与自然关系的原初统一，马克思认为："历史本身是自然史的即自然界成为人这一过程的一个现实部分。"他还说，"我们连同我们的肉、血和头脑都属于自然界，存在于自然之中。"马克思的精辟论述表明，自然界先于人类社会而存在，是人类生存和发展的物质前提，人是自然界发展到一定阶段的产物。

第二，自然界是人类永续发展的前提。马克思强调自然界对于人的存在及发展的重要性，也就是说人类社会与自然界息息相关，自然界是人类的生命之源，人无法脱离自然界而独立存在，自然界是人类永续发展的前提条件。马克思说："没有自然界，没有感性的外部世界，工人什么也不能创造。"基于此，马克思得出了"人靠自然界生活"的结论。马克思还说："人的普遍性正是表现为这样的普遍性，它把整个自然界——首先作为人的直接的生活资料，其次作为人的生命活动的对象（资料）和工具——变成人的无机的身体。自然界，就它自身不是人的身体而言，是人的无机的身体。人靠自然界生活。"

第三，人类通过实践可以改造自然。在马克思看来，实践是理解人与自然关系的关键，也是人区别于动物的基本特征。人类通过实践活动来利用自然，改造自然，使其符合自己的需要，进而推动整个社会的发展。马克思认为，人的实践活动推动"自在自然"向"人化自然"的转化。人有意识、有目的地改造自然的活动过程，就是“自在自然”与“人化自然”相互区别、相互作用，并且在一定历史条件下相互转化的过程。在马克思看来，人不仅仅和动物一样源于自然，依赖自然生存和发展，人还能通过生产时间对自然进行改造，使“自在自然”转化为“人化自然”。虽然“动物也进行生产，但是他们的生产对周围自然界的作用在自然界面前只等于零，只有人才办得到给自然界打上自己的印记，因为他们不仅迁移动植物，而且也改变了他们居住的地貌、气候，甚至也改变了动植物本身”。

马克思还认为，人类的实践活动是“合目的性”与“合规律性”的统一。在马克思看来，实践本身就是人所特有的，有意识、有目的地改造和探索世界的客观物质活动，是将人的内在尺度运用到物质对象上。“劳动过程结束时得到的结果，在这个过程开始的时候就已经在劳动者的表象中存在着，即已经观念地存在着。他不仅使自然物质发生形式变化，同时他还在自然物中实现自己的目的，这个目的是他所知道的，是作为规律决定着他的活动方式和方法的，他必须使他的意志服从这个目的。”在此过程中，人类必须尊重自然规律，不能随意将“自在自然”转化为“人化自然”。自然物在人的实践中，并没有丧失其自身所固有的规律性，其客观属性是人的意识无法动摇的。因为“自然规律是根本不能取消的，在不同的历史条件下能够发生变化的，只是这些规律借以实现的形式”。在马克思看来，自然规律是客观的，其发生作用是不以人的意识为转移的，因此，人类不能随心所欲地对自然界进行改造，人的实践活动必须受到自然规律的制约，要尊重自然规律，按自然规律办事。

此外，马克思还认为，违背自然规律会导致自然的异化。所谓“自然的异化”，是指人类通过劳动实践改造自然界所获得的成果反过来成为统治人类自身的力量。在一定条件下，人类活动的结果使自然摆脱了人的控制，反过来对抗人、奴役人，成为人类的异己力量。马克思认为，人与自然的异化的原因在于人类实践活动本身的异化。在异化劳动过程中，人同自己的劳动产品、自己的劳动活动、自己的类本质以及他人相对立，使自然界被人所物化，引起人与自然的关系的紧张，进而爆发生态危机。

第四，人与自然应该和谐相处。马克思、恩格斯生态观的基本原则就是实现“人与自然的和解”。实质就是建立人工生态系统的平衡，合理地控制、调节人与自然之间的关系，实现人与自然的和谐发展。马克思指出：“我们这个世界面临着两大变革，即人同自然的和解以及人同本身的和解。”恩格斯在《自然辩证法》中告诫人类："我们每走一步都要记住，我们通知自然界，决不像征服者统治异族人那样，决不是像站在自然界之外的人似的，——相反地，我们连同我们的肉、血和头脑都是属于自然界和存在于自然界之中的。我们对自然界的统治，是在于我们比其他一切动物强，能够正确认识和利用自然规律。"因此，在"人与自然的和解"的"物质交换"过程中，要按照自然规律规范实践活动。马克思强调说："社会化的人，联合起来的生产者，将合理地调整他们和自然之间的物质交换，把它置于他们的共同控制之下，而不让它作为盲目的力量来统治自己；靠消耗最小的力量在最无愧于和最适合他们的人类本性的条件下进行这种物质交换。"因此，这种控制，在本质上，既强调对作为客体的自然的"控制"，更强调对作为主体的人的"控制"。马克思、恩格斯指出：人要合理地控制自然，只有当人类的行为"不在于幻想中摆脱自然规律而独立，而在于认识这些规律，从而能够有计划地使自然规律为一定的目的服务。"的时候，人和自然才能实现和谐发展。马克思明确反对人类破坏自然界的行为，并告诫说："不以伟大的自然规律为依据的人类计划，只能带来灾难。"恩格斯反复强调，"不要过分陶醉于我们对自然界的胜利"。他以西欧以及其他地区为例，指出破坏生态平衡，将导致"不毛之地"的恶果。

（2）资本主义生产方式对生态环境的破坏问题

马克思、恩格斯指出，在其所生活的年代，生态危机出现的根本原因是资本主义的生产方式。资本逐利的贪婪属性，使自然界成为"日益腐败的"自然界，使工人身处"肮脏的、糜烂的、腐败荒芜的"自然环境中，人类和自然界都饱受资本日复一日、年复一年的加剧盘剥。用马克思的话来说就是："肮脏，人的这种堕落、腐化，文明的阴沟成了工人的生活要素。完全违反自然的荒芜，日益腐败的自然界，成了他的生活要素。他的任何一种感觉不仅不再以人的方式存在，而且不再以非人的方式甚至不再以动物的方式存在。"

马克思、恩格斯认为，资本主义生产方式导致生态危机主要原因在于其生产实践对自然的异化。在《1844年经济学哲学手稿》中，马克思详尽地阐述了自然异化学说，其中包括：人自身的异化、自然自身的异化、人与自然关系的异化和人与人关系的异化。

第一，人自身的异化。马克思深刻地批判了在资本主义制度下，劳动者自身的异化。首先，资本主义的分工弊端带来了人自身的异化。马克思指出，资本主义生产方式下日益细化的人工，使工人从精神到肉体都彻底沦为机器，只是每天连续从事着单调而机械的劳动。最直接的体现就是，资本主义生产方式下，工人较高的死亡率。伴随着技术革新，工人劳动日渐单一化，其简单的操作方式导致工厂的童工越来越多，这就是马克思所说的“机器迁就人的软弱性，以便把软弱的人变成机器。资本主义生产方式还借助工资，将分工对工人身体与精神的摧残推向极致。资本家按照自己追求利益的需求，支付工人仅能维持工人自身及其家庭维持最低生活的最低工资。资本家在“挣钱欲望”的驱使下“奴隶劳动”，以致工人寿命大大缩减。分工与工资的合力使资本家倾向于用“死”的机器来代替“活”的机器，导致了人的异化。其次，自然需求的异化。在资本主义社会中，工人的劳动以谋生活动的形式出现，为了得到维持生存所必须的东西，只是自己肉体的奴仆，完全没有“进行精神创造和精神享受的时间”。“工人甚至没有对新鲜空气和身体运动的需要，工人成了没有感觉、没有需要的存在物”。而造成这种局面的罪魁祸首就是私有制，私有制使人变得“愚蠢”且“片面”。于是，“人们的感觉产生了异化，在急功近利的私有制影响下，产品和需要的范围不断扩大，人的最基本的需要却被剥夺了，进而导致了人性的颠倒”。再者，“劳动”的异化。“劳动本身构成了人的生命活动的原始动力，是人类的本质，其原初意义是一种合乎人性的存在方式，劳动是劳动者实现自身存在、获取自由的积极途径，它为劳动者提供生活来源和生活乐趣。”但是，“在资本主义私有制下，劳动成果不是证明劳动者的本质，而是反过来统治、支配劳动者的。劳动者与他的类本质之间产生了异化：劳动产品与劳动者异化、劳动活动与劳动者异化。工人的穷苦同他的劳动产出成反比：工人生产的财富越多，他就越穷，他创造的商品越多，自己就越成为廉价的商品，物的增值同人的贬值成正比”。这一事实表明：本属于劳动对象化的产物——劳动产品与劳动异化。

第二，自然的异化。在资本主义生产方式下，自然自身也发生了异化，集中体现于以土地资源为代表的自然资源的异化。资本主义生产方式下，土地的价值主要体现在地租，按照马克思的说法，地租是“扣除或补偿一切可以看作人工产物的东西之后留下的自然产物……是土地所有者租给租地农场主使用的各种自然力的产物”。土地的价值取决于土地肥力的大小和土地的位置，但是在资本主义社会，“竟把土地富饶程度变成土地占有者的特性”。地租本来是用来反映土地自然肥力的，但是在资本家眼里，它成了地主的特性，土地所有者不用付出任何劳动，自然而然地取得地租。地租从一个客观标准异化成了一个主观意愿。而且，在利益的驱使下，人类对土地的耕种和改良总是不断加强，土地自然肥力也必然会下降，最后趋近枯竭。

第三，人与自然关系的异化。在资本主义社会里，资本凭借自身无限扩张的本性，统摄着社会的一切，劳动者、自然界甚至是资本家自己都被抽象的资本统治。资本贪婪的属性促使其向自然界开战，因为“最有利的资本使用就是用于从自然生产力中取得好处”。自然界为其提供“免费的午餐”，他只需要支付少量的成本便可获取大量的自然资源。于是，资本连同资本家一起割裂了人与自然的合理关系，促使人与自然关系出现异化，用马克思的话说就是：“在各国人民未来的生活中，通过机器起作用的盲目的自然力，将成为我们的奴隶和奴仆。”

第四，人与人关系的异化。在资本主义私有制下，人同自己的劳动产品、自己的生命活动、自己的类本质相异化。因为人同自身的关系只能通过他同他人的关系，才能够成为对他来说是“对象性的、现实的关系”。在资本主义私有制下，“如果劳动产品不是属于工人，而是作为一种异己的力量同工人相对立，那么这只能是由于产品属于工人之外的他人。如果工人的活动对他本身来说是一种痛苦，那么这种活动就必然给他人带来享受和生活乐趣。不是神也不是自然界，只有人自身才能成为统治人的异己力量”。

以上是马克思对自然异化进行的批判，马克思的目标是通过对资本主义生产方式引起自然异化的批判，为人类找到一条通往全面自由发展的道路。

马克思、恩格斯还对资本主义生产方式引起的具体生态环境问题进行分析。马克思、恩格斯对资本主义生产实践中生态问题的揭露和批判集中体现在自然环境和社会环境两个领域。关于资本主义生产方式中出现的自然生态问题，马克思、恩格斯从以下几个方面进行了阐述。

第一，资本主义生产方式下，气候发生了变化。马克思在写给恩格斯的信中说道：“我们在卡尔斯巴德（这里最近六个星期没有下雨）从各方面听到的和亲身感受的是：热死人！此外还缺水；贴普洱河好像是被谁吸干了。由于两岸树木伐尽，因而造成了一种美妙的情况；这条小河在多雨期（如1872年）就泛滥，在干旱年头就干涸。”马克思以亲身的感受，向恩格斯述说着已经出现的生态危机。马克思还指出，资本主义以赢利为目的的生产方式，决定了资本主义生产方式对环境破坏的必然性。

第二，资本主义生产方式下，土地资源遭到损害。由于资本主义的生产的

图2.1　资本主义生产方式对环境的污染

发展，逐步促使农民汇集到各大中心城市，造成了工业和农业的分离，城市和乡村的对立，严重地“破坏着人和土地之间的物质交换，也就是使人以衣食形式消费掉的土地的组成部分不能回归土地，从而破坏土地持久肥力的永恒的自然条件……实际上，资本主义农业的任何进步都是掠夺劳动者和掠夺土地的技巧的进步，都是以损耗地力、破坏肥力为代价的……在一定时期内提高土地肥力的任何进步，同时也是破坏土地肥力持久源泉的进步。一个国家，例如北美合众国，越是以大工业作为自己发展的基础，这个破坏过程就越迅速。因此，资本主义生产发展了社会生产过程的技术和结合，只是由于它同时破坏了一切财富的源泉——土地和工人”。

第三，资本主义生产方式下，森林资源遭到毁坏。马克思、恩格斯非常关注森林的存在，在诸多论著中，他们曾多次强调了森林的作用。马克思在1868年给恩格斯的信中指出：“耕作最初的影响是有益的，但是，由于砍伐树木等，最后会使土地荒芜。”马克思指出：“文明和产业的整个发展，对森林的破坏从来就起很大的作用，对比之下，它所起的相反的作用，即对森林的保护和生产所起的作用则微乎其微。”恩格斯也在《自然辩证法》中论述了美索不达米亚、希腊、小亚细亚、意大利、西班牙等地因为森林破坏而引发的水资源枯竭、土地破坏以及山洪泛滥等生态危机。“美索不达米亚、希腊、小亚细亚地区的居民，为了得到耕地而破坏了森林，但是他们做梦也没想到，曾经的富饶之地如今竟成了不毛之地，而根源恰恰在于他们自己破坏了森林，从而失去了水分的集聚中心和贮藏库。”而且，随着森林资源的日渐荒芜，“使土壤不能产生其最初的产品，并使气候恶化，土地荒芜和温度升高以及气候的干燥，似乎是耕种的后果。在德国和意大利，现在似乎比森林覆盖时期的气温高5~6摄氏度”。

第四，资本主义生产方式对水资源的污染。马克思指出，资本主义的生产方式和生活方式，直接导致了河流水资源的污染。马克思说：“在伦敦，450万人的粪便，就没有什么好的处理方法，只好花很多钱用来污染泰晤士河。”相对于生活垃圾对河流的污染，恩格斯指出，工业生产对河流的破坏更为严重。恩格斯早在《伍珀河谷来信》中就描述了伍珀河流域被污染的情况：“这条狭窄的河流泛着红色波浪，时而急速时而缓慢地流过烟雾弥漫的工厂厂房和堆满棉纱的漂白工厂。然而它那鲜红的颜色并不是来自某个流血的战场……而是完全源于许多使用土耳其红色颜料的染坊。”在《英国工人阶级的状况》中，恩格斯用了大量的笔墨描述了英国的泰晤士河、艾尔克河、梅得洛克河被污染的状况。马克思、恩格斯把这一现象出现的原因归结为蒸汽的资本主义运用。因为蒸汽力必须以水为动力，而且因为蒸汽机的广泛运用，大工业得到突飞猛进的发展，随之，对水的需求量也大大加强，这也加快了河流水被污染的进程，最终的结果是：城市里基本上所有的河流都变成了臭气熏天的“黑水”。

图2.2　资本主义生产方式下对森林的破坏

图2.3　资本主义生产下对水资源的污染

第五，资本主义生产方式对大气的污染。马克思、恩格斯生活的年代，空气的污染主要来源是大工业生产与大城市生活中所燃烧的煤炭和工业废物排放。比如，在曼彻斯特周围的一些纯粹的工业城市到处都弥漫着“煤烟”，其中，斯托克波尔特是全区最阴暗、被煤烟熏得最厉害的地区之一，斯泰里布雷芝全城的房屋也被煤烟熏得黑黑的，所有城市都被煤烟侵扰，留给人以“阴沉的”印象。“大城市工人区里的脏东西和死水洼对公共卫生总要引起最恶劣的后果，因为正是这些东西散发出制造疾病的毒气；被污染了的河流冒出来的水蒸气也是一样。”

马克思、恩格斯还着重阐述了资本主义生产方式下出现的社会生态问题。资本主义生产把广大劳动者引诱到大城市来，迫使他们呼吸浑浊的空气，住着破陋的房子，衣衫褴褛，食不果腹。他们的生活没有乐趣而言，“只有那些日益退化的、在肉体上已经堕落的、失去人性的、在智力上和道德上已经沦为禽兽的人们才会感到舒适而有乐趣”。伴随着资本主义无节制地追求剩余价值，社会领域的生态问题日益暴露出来，工人的生产生活环境极其恶劣，其身体和精神的健康都受到了威胁。资本主义制度下的生产方式已经严重损害了人的生存与发展，主要包括以下几个方面：

第一，工人的生活环境极其恶劣。对于工人的住宅而言，“工人总是居住在城市最糟糕的房屋里，这些住宅总是排列得乱七八糟，不通风、不透气、潮湿而对健康有害”；在饮食方面，“食物一般都很坏，往往是几乎不能入口的”，是如同猪狗食一般的东西，“在许多场合下，至少是有时候，在量方面也不足，而在最坏的情况下就会饿死人”；在穿的方面，“工人的衣服一般都很糟糕，只有棉织品，很多工人的衣服就是一些破布，上面是一个补丁连着一个补丁，原来的颜色都已经分辨不出来了”。

第二，工人的生产工作环境恶劣，导致身体健康受损。资本家为了节约成本，对工厂劳动的物质条件的恶化视而不见，“人为的高温，充满原料碎屑的空气，震耳欲聋的喧嚣……在密集的机器中间所冒的生命危险”。由于没有必要的防护措施，所以那些机器就像“四季更迭”那样规则地“发布自己的工业伤亡公报”。这是马克思对当时工人劳动的物质条件进行的评价。而恩格斯从几个具体行业介绍了当时英国工人的工作环境。例如，英国最重要的工业部门就是纺织业，恩格斯首先分析了纺织行业的生产环境：在纺纱工厂和纺麻工厂里，到处飞舞着浓密的纤维屑，这种纤维屑如果吸到肺里，就会呼吸困难、吐

图2.4　资本主义生产方式下对空气的污染

血，而且胸部作痛、咳嗽、失眠，甚至会患上肺结核；但是最有害的是亚麻的湿纺工作，水从锭子上溅到工人的衣服上，他们的前襟总是湿透的，而带来的后果是声音嘶哑刺耳、经常的感冒及肺部疾病；而漂白工则不得不经常地把氯气吸入肺里；对于女性时装工和缝细工而言，身处空气郁闷的工房，长时间保持弯腰曲背的姿势，吃的是恶劣的、难消化的食物，加上超长时间的劳动，致使这些女孩儿很容易疲倦、困顿、食欲不振、衰弱、肩痛、腰酸、背痛，特别是头痛，再往后就是脊柱弯曲、消瘦、两肩畸形、眼肿、流泪、近视、眼痛、咳嗽、气喘、鸡胸以及各种妇科病以致最后视力完全被破坏、眼睛完全失明甚至因肺结核导致死亡。

第三，工人的精神生活遭到破坏。资本主义生产方式将劳动者一股脑地推进“文明”进程，使他们告别以往平静而道德的生活，融入“不道德”的资本主义生活中。当机器劳动战胜手工劳动之后，无产阶级人数迅速增加，他们失去了一切财产，失去了获得生计的任何保障，“道德败坏，政治骚动”，这些工人“注定了从9岁起无论精神还是肉体上都要在棍子下生活一直到死”。工人们从事着看机器、接断头的简单工作，这种工作不需要工人有任何精神活动，是“世界上最折磨人最使人厌倦的无聊”。这种无聊摧毁了工人的体力、智力和精神。

（3）只有共产主义才能实现人与自然的和谐发展

青年时期的马克思就意识到，要改变资本主义生产方式对自然环境的破坏，必须通过“革命的实践”，通过社会生产关系的变革来促进人与自然关系的和谐发展。恩格斯也曾提出，资本主义面临两大“和解”问题，“即人类同自然的和解以及人类本身的和解”。马克思同恩格斯一样，站在社会制度的高度来理解人与自然之间的矛盾，认为其根本解决方法就是“瓦解一切私人利益”。马克思认为，生态环境问题的真正解决，只有在劳动解放即实现共产主义的社会条件下才有可能。在共产主义社会，“社会化的人，联合起来的生产者，将合理地调节他们和自然之间的物质交换，把它置于他们的共同控制之下，而不让它作为盲目的力量来统治自己；靠消耗最小的力量，在最无愧于和最适合于他们的人类本性的条件下来进行这种物质交换”。“共产主义是私有财产即人的自我异化的积极的扬弃……这种共产主义，作为完成了的自然主义等于人道主义，而作为完成了的人道主义等于自然主义，它是人和自然之间、人和人之间的矛盾的真正解决”。在马克思看来，只有消灭资本主义私有制，实现共产主义，才能实现人类的解放，消除人与自然关系的异化，达到人与自然本质的统一。

第一，共产主义消灭了生产资料私有制，生产无政府的状态被有计划地组织取代。共产主义制度为生态危机的解决提供了制度保障，如前所述，马克思、恩格斯认为：“生产资料和产品的社会性质反过来对付生产者本身，周期性地突破生产方式和交换方式，并且只是盲目起作用的自然规律强制性地为自己开辟道路，随着社会占有生产力，这种社会性质就将为生产者完全自觉地运用，并且从造成混乱和周期性崩溃的原因变为生产的最有力的杠杆。……资本主义的占有方式，就让位于那种以现代生产资料的本性为基础的产品占有方式：一方面由社会直接占有，作为维持和扩大生产的资料，另一方面由个人直接占有，作为生活资料和享受资料。”马克思、恩格斯设想：“无产阶级将取得公共权力，并且利用这个权力把脱离资产阶级掌握的社会化生产资料变为公共财产，通过这个行动，无产阶级使生产资料摆脱了他们迄今具有的资本属性，使它们的社会性质有充分的自由得以实现。”马克思、恩格斯设想的“以现代生产资料的本性为基础的产品占有方式”直指资本主义占有方式的弊端，如之取得和利用公共权力发展和实现生产资料的社会性质，最终从根本上为生态问题的解决提供所有制基础。

共产主义社会是一个“和人类本质相称的社会”，在这样的社会制度下，社会“靠它所支配的资料能生产些什么，并根据生产力和广大消费者之间的这种关系来确定，应该把生产提高多少或缩减多少，应该允许生产或限制生产多少奢侈品”。恩格斯在《在爱北斐特的演说》中指出，在共产主义社会里，“无论生产和消费都很容易估计，既然知道每一个人平均需要多少物品，那就容易算出一定数量的人需要多少物品；既然生产已经不掌握在个别私人企业主的手里，而是掌握在公社及其管理机构的手里，那也就不难按照需求来调节生产了”。在公有制的条件下，“社会化的人”将根据最符合“人类本性”的要求，“消耗最小的力量”“合理地调节”他们和自然之间的“物质交换”。这样，“不仅会消除生产的现存的认知障碍，而且还会消除生产力和产品的有形的浪费和破坏，这种浪费和破坏在目前是生产的无法摆脱的伴侣，并且在危机时期达到顶点。此外，这种占有还由于消除了现在的统治阶级及其政治代表的穷奢极欲的挥霍而为全社会节省出大量的生产资料和产品。通过社会化大生产，不仅可能保证一切社会成员有富足的和一天比一天充裕的物质生活，而且还可以保证他们的体力和智力获得充分的自由的发展和运用，这种可能性现在第一次出现了，但它确实是出现了”。

第二，人类获得真正的解放。共产主义社会消灭一切阶级对立和阶级差别，每个个体与社会的利益包括生态利益一致，马克思指出：“工人阶级征服了自然，而现在它应该去征服人了。”共产主义社会是工人阶级征服了资产阶级，“谋求自己的解放，并同时创造出现代社会在本身经济因素作用下不可遏制地向其趋归的那种更高形式”。恩格斯指出：“真正的自由和真正的平等只有在共产主义制度下才可能实现。”在共产主义社会里，一切生产资料归全体成员共有，不合理的分工消失，一切阶级产生和存在的基础都不存在了，正如马克思在《论土地国有化》中指出：“土地国有化将彻底改变劳动和资本的关系，并最终消灭工业和农业中的资本主义生产方式，只有到那时，阶级差别和各种特权才会随着他们赖以存在的经济基础一同消失，靠他人的劳动而生活将成为往事，与社会相对立的政府或国家将不复存在！农业、矿业、工业，总之，一切生产部门将用最合理的方式逐渐组织起来，生产资料的全国性的集中将成为自由平等的生产者的各联合体所构成的社会的全国性基础，这些生产者将按照共同的合理的计划进行社会劳动，这就是19世纪的伟大经济运动所追求的人道目标。”在共产主义社会里，每个个体之间的身份、地位都是平等的，对社会资料的占有是公正的，个体与社会之间的利益关系与社会的整体利益融为一体，个体的利益就是社会的利益，社会的利益就是个体的利益，二者趋向统一。正如恩格斯所说：“在共产主义社会里，人和人的利益并不是彼此对立的，而是一致的，因而竞争就消失了，当然也就谈不到个别阶级的破产，更谈不到像现在那样的富人和穷人的阶级了，在生产和分配必要的生活资料的时候，就不会再发生私人占有的情形，每一个人都不必再单枪匹马地冒着风险企求发财致富，同样也就自然而然地不会再有商业危机了。”因此，人们也就不会再为了自然资源和生态利益而展开竞争了。

共产主义社会是人的本质的真正占有的社会，人是自然界的主人。公有制的所有制关系不仅解决了人与人之间关系的异化，而且也解决了人与自然之间关系的异化，共产主义是人与自然之间的和谐统一。马克思在《1844年经济学哲学手稿》中指出：“共产主义是私有制财产即人的自我异化的积极的扬弃，因而是通过人并且为了人而对人的本质的真正占有；因此，它是人向自身、向社会的复归，这种复归是完全的、自觉的而且保存了以往发展的全部财富的，这种共产主义，作为完成了的自然主义，等于人道主义，而作为完成了的人道主义，等于自然主义，它是人和自然界之间、人和人之间的矛盾的真正解决，是存在和本质、对象化和自我确证、自由和必然、个体和种类之间的斗争的真正解决。”在共产主义社会里，“人终于成为自己的社会结合的主人，从而也就成为自然界的主人，成为自身的主人——自由的人”。“人们周围的，至今统治着人们的生活条件，现在受人们的支配和控制，人们第一次成为自然的自觉的和真正的主人，因为他们已经成为自身的社会结合的主人了，人们自己的社会行动的规律，这些一直作为异己的、支配着人们的自然规律而同人们相对立的规律，那时就将被人们熟练地运用，因而将听从人们的支配。人们自身的社会结合一直是作为自然界和历史强加于他们的东西而同他们相对立的，现在则变成他们自己的自由行动了。至今一直统治着历史的客观的异己的力量，现在处于人们自己的控制之下了，只是从这时起，人们才完全自觉地自己创造自己的历史；只是从这时起，由于人们使之起作用的社会原因才大部分并且越来越多地达到他们所预期的结果。这是人类从必然王国进入自由王国的飞跃。”因此，共产主义社会解决了人与人之间关系的异化，解决了人与自然之间关系的异化，实现了人与自然之间的和谐统一。

第三，生产力高度发达，社会提供生态服务的能力提高。马克思、恩格斯认为，共产主义社会是社会生产力高度发达的社会，他们对共产主义社会的生产力发展水平和社会财富程度进行了设想，生产力“达到这样的程度，以致一方面整个社会只需用较少的劳动时间就能占有并保持普遍财富，另一方面劳动的社会将科学地对待自己的不断发展的再生产过程，对待自己的越来越丰富的再生产过程，从而，人不再从事那种可以让物来替人从事的劳动，——一旦到了那样的时候，资本的历史使命就完成了”。在马克思、恩格斯看来，生产力的巨大发展和物质产品的极大丰富是共产主义社会实现的前提和基础。

高度发达的社会生产力是生态问题解决的基本前提。恩格斯指出，共产主义社会“将给所有的人提供健康而有益的工作，给所有的人提供充裕的物质生活和闲暇时间，给所有的人提供真正充分的自由”。这样的社会里，人的劳动已经不再是谋生的手段，人的道德、素质、能力等诸多方面会大大提高，人改造自然的活动成为“合理地理解为革命的实践”。而且，物质产品极大丰富会有效满足人的生态需求，恩格斯指出，在共产主义社会里，“社会的每一位成员不仅有可能参加社会财富的生产，使社会生产力及其成果不断增长，足以保证每个人的一切合理的需要在越来越大的程度上得到满足”。根据马克思、恩格斯的预见，共产主义社会是一个生态社会，人们不会去损害他们的生态利益，也不会去破坏自然，人与自然达到和谐。

（二）列宁：辩证唯物主义的物质观、自然观和科学技术观

列宁作为无产阶级革命家和导师，与马克思、恩格斯的生态思想一脉相承，根据俄国革命的实践需要进行了深刻的思考，形成了自己的生态环境思想，主要包括以下几个方面。

1. 对“物质”概念的重新阐发

列宁对“物质”概念进行了重新解释，给马克思主义的“物质”概念注入了新的辩证唯物主义内核，对马克思主义的物质观和自然观作出了巨大的贡献。列宁于1908年2月—10月，创作了《唯物主义和经验批判主义》一书，完成了辩证唯物主义物质观和自然观的创立。列宁概括的物质的定义：“物质是标志客观实在的哲学范畴，这种客观实在是通过感觉感知的，它不依赖于我们的感觉而存在，为我们的感觉所复写、摄影、反映。”列宁对物质的定义标示出其“客观实在性”和“被认识”的特性，坚持了唯物主义物质观和自然观的立场，是对马克思主义生态思想的发展。

不仅如此，列宁还同马克思、恩格斯一样，对人与自然关系中的中间环节——实践予以了高度的肯定。列宁认为：“生活、实践的观点，应该是认识论的首先的和基本的观点。”列宁认为，作为认识的首要观点不会是其他的什么东西，而只能是实践。因此，对于人类历史上的成果，都应该而且必须坚持“实践”的态度。实践不仅创造着人类和人类社会的一切存在，也是检验真理的重要标准。列宁还指出，由于主观条件和客观局面的限制，每个历史阶段都有“相对真理”，所以，实践的“标准性”具有“时效性”和“局限性”。

2. 科学技术观

列宁对马克思主义的科学技术观进行了新的阐释，他不仅肯定了科学技术的丰富与发展会推动资本主义向社会主义过渡，还充分地意识到了，科学技术对社会主义的发展有巨大的促进作用。在《帝国主义是资本主义的最高阶段》一书中，列宁阐发了科学技术对资本主义发展的积极作用。列宁认为，科学技术推动了资本主义生产力的迅猛发展，已经引起了资本主义社会生产关系到上

层建筑的一系列的变化，为社会的变革和发展提供了殷实的物质基础。而且，科学技术的不断进步，资本主义固有的缺陷和不可克服的基本矛盾就暴露无遗——生产的社会化和资本主义私有制之间的矛盾。进而资本主义的发展将出现不平衡的状况，在资本主义发展链条最薄弱的环节上将取得社会主义革命的一国或数国胜利。

列宁还深刻地阐述了科学技术对社会主义建设的作用和意义。列宁认为，科学技术的发展能够直接推进社会主义的建设，在即将到来的社会主义社会的建设中会发挥巨大的作用。首先，对于遭受战争创伤，正在恢复经济的俄国，科学技术将发挥不可替代的作用。列宁强调，俄国工业和农业经济的恢复，必须在先进的科学技术的基础上，甚至“振兴全国经济，要立足于现代科学技术，立足于电力的现代技术的基础上使工业和农业得到改造和恢复”。其次，科学技术可以稳固苏维埃政权。列宁认为，俄国的共产党人还没有完全铲除资本主义的根基，因而需要尽快取得经济上的胜利。而科学技术将会提供强大的物质基础。在经济上，俄国要“转到新的技术基础上，转到现代化大生产的技术基础上”；在先进的科学技术基础上，俄国才能赢得社会主义、共产主义的伟大前途。列宁强调，社会主义实现较高的生产率才能为战胜资本主义造成最有利的条件，因为“劳动生产率，归根结底是使新社会制度取得胜利的最重要最主要的东西”。在未来社会里，社会主义唯有靠科学技术取得更高的生产率，才能彻底战胜资本主义。

3. 尊重自然，尊重规律的自然观

列宁认为，尊重自然就要尊重自然的不可替代性，合理运用自然赋予的禀赋，否则自然所产生的生产力最终会被破坏。列宁指出：“人的劳动无法代替自然力的……人只能在认识到自然力的作用以后利用这种作用，并借助机器和工具等以减少利用中的困难。”

列宁还认为，人们要正确认识和利用客观规律，如若违背，以创造出来的生产力去代替自然生产力，会造成潜在的不良后果。对此，他说：“十分明显，人造肥料代替天然肥料的可能性以及这种替代（部分地）的事实，丝毫也推翻不了下述事实：把天然肥料白白抛掉，同时又污染市郊和工厂区的河流和空气这是很不合理的。”由此，列宁已经初步意识到发展循环经济的重要性，他还看到，“为了合理利用对农业十分重要的城市污水特别是人类的粪便，也要消灭城乡对立”。

（三）斯大林：社会生活领域的辩证唯物主义和尊重自然规律的思想

斯大林作为无产阶级的革命者，其生态思想是在吸收马克思、恩格斯和列宁等马克思主义学者的思想基础上形成的。斯大林的生态观主要包括两个方面。

1. 社会生活领域的辩证唯物主义

在《论辩证唯物主义和历史唯物主义》一文中，斯大林对辩证唯物主义做出了这样的解释，他说："所以叫作辩证唯物主义，是因为它对自然界现象的看法、它研究自然界现象的方法、它认识这些现象的方法是辩证的，而它对自然界现象的解释、它对自然界现象了解、它的理论是唯物的。"他还说："历史唯物主义就是把辩证唯物主义的原理推广去研究社会生活，把辩证唯物主义的原理应用于社会生活现象，应用于研究社会，应用于研究社会历史。"可以看出，斯大林一直坚持唯物主义的立场看待世界和历史。斯大林还认为，自然条件是社会历史发展不可或缺的条件，但是自然条件不能"决定社会面貌、决定人们的社会制度的性质、决定从一种制度过渡到另一种制度"。此外，斯大林吸收马克思、恩格斯的思想，指出人类对自然的关系是通过社会关系、社会生产方式进行的观点。斯大林认为，当人类的生产力水平，特别是生产工具得到飞跃时，那么，人类与世界的关系就会呈现出高级和复杂的形态，斯大林认为："生产的变化和发展始终是从生产力的变化和发展，首先是从生产工具的变化和发展开始的。"

2. 尊重自然规律的思想

斯大林站在唯物主义的立场，认为自然规律是科学法则的基础，规律具有客观性，人类不能违背事物规律，必须尊重和服从。但是，人类在规律面前并不是无能为力的，人类应该积极创造条件利用规律，使之为人类服务。

斯大林认为："……科学法则……不以人们的意志为转移……人们能发现这些法则，认识他们，研究他们……利用他们来为社会谋利益。"自然规律会为我们造福还是导致更大的破坏，关键看我们怎么认识它。"后来随着人类知识的发展……学会了修筑堤坝和水电站……防止水灾……"这是由于这个工程"丝毫没有违反、改变或消灭科学法则……是确切地根据自然法则、科学法则而实现的，对自然法则的任何违反，极小的违反，都只会引起事情的混乱"。

二、国外学者关于政府生态责任的基本理论

（一）新公共服务理论

新公共服务理论是由美国著名公共行政学家罗伯特·B. 登哈特在20世纪90年代提出的。“新公共服务”宣称的理论目标是提供一个充分重视民主、公民权和为公共利益服务的理论框架。在《新公共服务：服务而不是“掌舵”》一书中，登哈特夫妇将新公共服务理论的核心观点归纳为以下7点：

1. 强调政府的职能是“服务”，而非“掌舵”和“划桨”。新公共服务理论强调政府的作用是为公民所面临的问题寻找解决办法。政府及其雇员需要承担的一个越来越重要的角色是帮助公民清晰、明白和满足他们共享的利益，而这些新角色需要的并不是传统的管理控制方式，而是一种新型的服务中介方式。

2. 公共利益是目标而非副产品。公共利益是管理者和公民共同的利益和责任，是目标而不是副产品。公共行政官员必须致力于建立集体的、共享的公共利益观念，这个目标的实现并非依靠个人而是要创造共同利益和共同责任。

3. 战略的思想，民主的行动。新公共服务理论认为，符合公共需要的方案和计划，可以通过集体努力和协作过程，得以最有效和最负责任的体现。新公共服务理论认为，通过参与和推动公民教育计划、培养更多的公民领袖，政府就可以激发公民自豪感和责任感。因此，这里的目标就在于确保政府具有开放性和可接近性，能够为公民服务并且为公民创造机会。

4. 为公民服务，而不是为顾客服务。新公共服务理论认为，公共利益是基于一种共同的价值观聚集而成，而不是由个人的利益积聚形成，因此政府与公民之间的关系不是企业与顾客之间的关系，因为我们很难确定谁是顾客。新公共服务理论强调对公平的重视，认为在政府中公正和公平是其提供服务时必须考虑的一个重要因素，政府不应该首先或仅仅关注到公民自私的短期利益，而是应当关注到公民的长远利益和需求。

5. 政府责任极其复杂。政府及其公务员不应当仅仅关注市场，他们还应当关注宪法法律、社区价值观、政治规范、职业标准及其公民利益。新公共服务理论认为，传统公共行政理论和新公共管理将责任问题过于简单化，因而并不能反映当今公共服务的需求和现实。责任问题其实极为复杂，公共行政官员应

该受到包括公共利益、宪法法律、民主规范、公民需要在内的各种标准和制度的影响和约束。

6. 强调分享领导权。新公共服务理论家在探讨管理和组织时十分强调“通过人来进行管理”的重要性。认为公务员希望与别人的生活有所区别，强调“分享领导权”，特别是通过人民或与人民一起来行使领导权可以改变参与者，并且可以将他们的焦点转移到更高层次的价值观念上。

7. 公共服务和公民权比企业家精神更重要。新公共服务理论明确认识到，公共行政官员并不是其机构和项目的所有者，政府的所有者是全体公民。与新公共管理看重利润和效率的“企业家政府”最大的不同是新公共服务理论认为公共行政官员有责任通过担当公共资源的管理员、公民权利与民主对话的促进者、公共组织的监督者等角色来为公民服务。

新公共服务理论对我国城镇化进程中政府履行生态责任具有重要的启示。政府是社会公共利益的代表，这一性质决定了其主要职责是管理好社会公共事务。而生态环境问题作为公共产品，应该主要由政府提供。政府在城镇化进程中，要认真履行公共服务职能，优质高效地为社会提供公共产品和公共服务，为城镇的经济社会发展创造良好的条件和环境，实现城镇化的全面、协调和可持续发展。依据新公共服务理论，政府在城镇化进程中要制定生态公共服务的最低标准，克服公共资源分配不公现象。各地政府要根据本地的经济社会发展水平和生态公共服务需求与生态公共供给能力，确定本地生态公共服务的最低标准，公平合理地分配生态公共资源，逐步缩小城乡之间和地区之间生态公共服务上的差距，实现城镇化进程中生态公共服务的均等化。政府还要改革公共服务体制，完善公共服务机制。在城镇化进程中，要合理划分中央政府与地方政府在生态公共服务领域的职责权限，全国性的生态公共产品和公共服务由中央政府提供，地方性的生态公共产品和公共服务由地方政府提供，只有权责明确，城镇化进程中各级政府才能切实履行生态责任。

（二）环境权理论

环境权最早是由联邦德国的一位医生在20世纪60年代提出。随后，被美国密歇根州立大学教授约瑟夫·萨克斯加以系统化。他对环境权理论作出系统论证的理论依据是法学中的“共有财产”和“公共委托”理论。他认为，日光、空气、水等人类生活所必需的环境要素是人类的共有财产。既然是共有财产，那么只有经过全体共有人的同意才能对其加以合理利用和支配，否则任何个人都不能随意使用、污染甚至损害它们。共有人为了保证共有财产支配的合理性和避免其被滥用和过度使用，从而将其委托给国家来加以保存和管理。这样一来，国家作为受托人就负有为委托人保存和管理好共有财产的职责。

后来，日本学者又进一步发展了环境权理论，主要体现在他们提出了环境权的两个基本原则："环境共有原则"和"环境权为集体性权利原则"。关于环境权的相关理论和基本主张因对环境的伸张正义而获得社会各界的普遍认同，并很快在国际法和众多国家的法律、法规中得到体现。率先在环境立法中确认公民的环境权是在20世纪60年代末的日、美等发达国家，这些国家针对环境公害日益盛行的状况，纷纷制定环境保护法律。不久，1972年的斯德哥尔摩人类环境会议通过了《人类环境宣言》。这一宣言将人类享有自由、平等、舒适的生活条件和在有尊严和舒适的环境中生活的基本权利作为基本准则，这就为环境权学说奠定了坚实的实践基础。不仅如此，《宣言》的上述观点还表明享有一个适于人类生存的环境是人类的基本权利，所以人们对于任何有害于环境的行为都有权依法进行监督和干预。

从我国来看，虽然还没有相应的环境权法案，但环境权亦在相关法律、法规和政策中得到明确伸张，尤其是在宪法、民法和一些环境法律中对环境权更有清晰准确的规定。例如，《中华人民共和国宪法》规定了中华人民共和国的一切权力属于人民。第41条则规定："中华人民共和国公民对于任何国家机关和国家工作人员，有提出批评和建议的权利。"与环境权理论的基本思想相符合，因此，我国政府在制定、发展和完善环境权相关法律法规时，可以以此理论为指导。

概而言之，环境权理论为公众的环境知情权和环境参与权提供了充分的理论依据。是我国政府在城镇化进程中建立环境管理制度的稳固的学理基础，也是完善环境信息手段的重要理论指南。

（三）生态马克思主义理论

生态马克思主义是当代国外马克思主义的重要流派之一，诞生于20世纪60年代。它的思想渊源为人与自然关系的理论，系统论、生态学、未来学的相关理论，法兰克福学派的生态危机理论。生态马克思主义从社会制度、生产方式以及价值观等层面反思了当代生态危机的深层根源。同时，又对当代资本主义进行了新的批判，憧憬了未来生态社会主义的蓝图。生态马克思主义研究的核心问题有以下两点：①探究生态危机的根源。关于生态危机的根源目前大致可分为三种观点：资本主义制度与生产方式、异化消费与消费主义价值观、资本主义制度下技术的非理性使用。②寻求生态危机的路径选择。一方面生态马克思主义建立在对当代资本主义的批判之上，指出只有消除资本主义制度、变革资本主义的生产方式才能从根本上解决危机。另一方面，它从构建新型生态社会模式出发，指出应当将生态学原则同社会主义相结合，既要超越当代资本主义，也要摒弃传统的社会主义模式，建立一种新型的人与自然和谐发展的社会模式——生态社会主义。随着生态马克思主义理论的不断发展与完善，它对生态危机的根源分析得更加深刻，对生态危机的解决途径也形成了一个更加系统的理论体系。

生态马克思主义理论对城镇化进程中政府履行生态责任具有重要的启示。依据生态马克思主义理论的观点，政府应该大力发展循环经济；践行生态消费；理性使用科学技术；建立有益的生活方式。这些思想对于城镇化进程中政府履行生态责任具有重要的理论指导意义。

（四）可持续发展理论

1987年，挪威前首相布伦特兰夫人在主持联合国环境与发展委员会时起草并发表了《我们共同的未来》，提出了可持续发展的概念，并给出了相应定义：可持续发展是既满足当代人的需要，又不损害后代人满足需要的能力的发展。此概念最终写入1992年联合国《里约环境和发展宣言》和《21世纪议程》。1992 年在巴西里约热内卢召开的联合国环境与发展大会，对可持续发展的定义作了进一步的拓展，即一个国家或地区的发展不应影响其他国家或地区的发展，即强调“代内公平”。据此，完整的可持续发展定义应该包括“代际公平”和“代内公平”。可持续发展作为一种当今时代主流的发展模式，具有十分丰富的内涵。其内容包括如下几个方面。

1. 代际公平和代内公平是可持续发展的基本原则。“代际公平”，即当代人与后代人之间资源的公平分配。由于资源的有限性和不可再生性，如果只为当代人的发展考虑，而不顾及后人对资源的需要，就会侵害后代人发展的权利。因此，要在考虑当代人的同时，顾及后代人的利益，使资源在代际间做到优化配置。

2. 发展是可持续发展的主题。只有经济发展了，政府才能为治理生态环境污染提供必要的物质基础。但发展是经济、社会、人口、资源、环境诸因素的协调发展，是科学发展，是兼顾眼前利益和长远利益、局部利益和全局利益基础上的发展。

3. 人类的发展要与生态环境承载能力相适应。环境承载能力是指在一定时期内，资源环境系统在维持相对稳定的前提下，所能容纳的人口规模和经济规模的大小。在环境承载能力限度内，生物圈能够承载人类开发利用自然资源的负载，吸收人类排放的废弃物，自动调节生物圈的平衡。倘若人类生产活动超过这一限度，即资源开发利用限度超出其再生速度，使用不可再生资源的限度超过其可再生替代物的开发速度，污染物的排放速度超过环境的自净容量，就会导致生态系统的崩溃。

4. 技术创新和制度创新是可持续发展的动力。实现高消耗、低产出的粗放型经济增长向低消耗、高产出的集约型经济增长方式转变，关键在于技术创新和制度创新，以技术创新和制度创新为动力。因为技术创新可以提高要素的使用效率，提高投入产出比，其对经济增长的贡献率已超过资本和劳动对经济增长的贡献率，成为推动现代经济增长的主要因素。因此，技术创新是实现可持续发展的主要动力。制度创新可通过塑造出新的激励和约束机制，激发各行为主体积极参与交易活动和进行技术创新的动机，约束行为人经济活动的“外部性”和“搭便车”行为，推动经济增长，所以，制度创新是技术创新的前提和保证。

在我国城镇化进程中，政府应该以可持续发展理论为指导，兼顾代内公平和代际公平，使城镇化实现可持续发展，而不是一时的繁荣。城镇化进程中政府应该充分考虑生态环境的承载力，实现经济、社会、人口、资源、环境诸因素的协调发展，不能以牺牲生态环境换取城镇化速度。

（五）有机马克思主义理论

有机马克思主义是一个比较新的国外马克思主义流派。其基本价值取向是，在对当代资本主义的批判中实现马克思主义和西方过程哲学思想等的有机融合。有机马克思主义的概念，最早由美国学者菲利普·克莱顿和贾斯廷·赫泽凯尔在其著作《有机马克思主义：资本主义和生态灾难的一种替代选择》中提出。有机马克思主义的基本理论主张是：由资本主义所主导的当代西方社会甚至国际社会的大部分，仍然依存“无极限增长”的理念，而严酷的现实却使得这个无极限增长的神话破灭了；只有采用一种新的思维方式，才可以使人们挣脱资本主义的掌控，使世界经济、政治、文化发展处于地球的可承载范围之内。实现这一目标，需要积极融合马克思主义和西方过程哲学思想等，积极建构和实践有机马克思主义。

在继承和发展马克思主义经典理论、吸收和借鉴西方过程哲学思想的基础上，有机马克思主义提出了四个核心原则：为了共同福祉、有机的生态思维、关注阶级不平等、长远发展的视野。其主要观点可以概括为三点：第一，资本主义所主张的正义其实并不正义；第二，资本主义倡导的“自由市场”也并不自由；第三，资本主义在全球的发展与扩张，将使得穷人为全球生态遭到破坏付出沉重的代价。有机马克思主义强调，全球资本主义正在走向自我毁灭，也正在使这个星球变得无法居住。所以，是时候采取有机马克思主义的新思维，依据有机、生态和社会主义原则来作出改变、重建人类文明了。

有机马克思主义认为，面对目前的情况我们要面临两个选择：一是马上采取行动，制止资本家的过分行为，反对富有者基于他们的利益统治全球；二是可以选择等待，直到全球资本主义体系崩溃，以催生一个新的全球治理体系。显然，马上行动要比等待好得多。基于这一认识，有机马克思主义强调，要超越资本主义秉持的财富驱动的经济社会发展模式，努力为世界人民营造共同福祉。这意味着坚持有机、生态和社会主义原则，限制跨国公司的权力，着眼共同的福祉变革我们的社会。有机马克思主义主张实施有机教育，即教给学生人类与其他生命共生共荣、公正分配资源和机会的知识与价值观。它强调，生态文明理念在学生时代就要扎下根。基于深刻价值反思与积极践行精神的教育变革，将有助于塑造未来世界人民的共同价值观。除了教育领域的变革，有机马克思主义还强调在全球经济、农业、制造业、管理及银行系统等方面进行综合性变革，从根本和全局上改善全球治理秩序。

有机马克思主义给城镇化进程中政府履行生态责任带来了巨大的启示。中国政府在城镇化进程中要避免走资本主义国家的老路，而且要有全球视野，为了全人类的共同福祉而进行生态治理，而不是转移国内生态矛盾。此外政府在城镇化进程中要加强公民生态教育，提升公民生态素质。

第三章

我国城镇化进程中政府履行生态责任现状分析

经过数十年的城镇化发展与生态文明建设，我国政府在城镇化进程中的生态责任得到了一定的发展，并取得了一系列成就。但是，目前我国城镇化进程中依旧存在着政府生态失责，无法完全解决城镇化进程中出现的生态环境问题。若要转变城镇化进程中的政府失责，必须究其原因，只有明确问题产生的根源，才能彻底改变城镇化进程中政府生态失责的现状。本章主要总结我国政府生态环境保护职能的发展与取得的成就，指出目前我国城镇化进程中政府存在的生态失责，分析造成政府生态失责的原因，以此明晰我国城镇化进程中政府履行生态责任的现状。

一、我国政府履行生态环境职能的发展历程

相对而言，我国的环境保护工作起步较晚。这一点从我国环境保护工作的发展脉络上不得而知。新中国成立之初，全国范围内并没有建立起环境管理的体系和相应机构，只是在个别部门设立了“三废”管理处（或科），以及综合利用办公室。而自1949年至1972年二十多年的时间内，我国也并没有形成明确的环境保护目标和任务，也没有专门的环境保护机构。在一定程度上说，我国真正的环境保护工作是从1973年开始的，迄今为止，其发展历程大致可以划分为四个阶段。

（一）起步阶段（1973年—1983年）

1972年，联合国在瑞士首都斯德哥尔摩召开了第一次人类环境会议，拉开了全世界范围内环境保护事业的帷幕。我国也派代表团出席了这次联合国人类环境会议，我国开始把环境保护工作正式列入议程。正是在此背景之下，我国政府于次年8月召开了第一次全国环境保护会议，在这次会议上，我国第一次承认中国存在着比较严重的环境问题，会议审议通过了“全面规划、合理布局、综合利用、化害为利、依靠群众、大家动手、保护环境、造福人民”的32字方针和第一个环境保护文件——《关于保护和改善环境的若干规定》，我国迈出了环境保护的第一步。这次会议之后，国务院设立了环境保护领导机构和办事机构，我国的环境保护工作开始起步。从此，开始在全国范围内建立环境保护机构，开展环境保护工作。1973年11月13日，《国务院批转国家计划委员会<关于全国环境保护会议情况的报告>》中指出：“要做好环

境保护的规划工作，使工业和农业、城市和乡村、生产和生活、经济发展和环境保护，同时并进，协调发展。”《关于保护和改善环境的若干规定（试行草案）》，实际上是我国第一个保护环境的综合性行政法规，是我国环境保护法的雏形。1974年，国务院成立了环境保护领导小组。可以说，从第一次全国环保会议至1978年底的党的十一届三中全会这一时期，我国环境保护事业发展极其缓慢，虽然我国在工业污染治理、“三废”综合利用、城市的消烟除尘等方面做出了一些工作，并取得了一定的成绩，但这一时期主要是简单模仿西方国家的做法，是以单纯治理污染为主，开发性的理论研究和实用技术还很少，急于求成的倾向也逐渐暴露。但同时，我们也应当看到，到1983年我国第二次全国环境保护会议的召开，我国环境保护工作也取得了丰硕的成果，并且开创了环境保护工作新局面的基础和起点，为我国环境管理的科学化和现代化创造了条件。

（二）发展阶段（1983年—1989年）

1983到1984年，是我国环境保护工作实现重要转变的时期。1983年12月，国务院召开了第二次全国环境保护会议，制定了我国环境保护事业的三项政策方针：第一，明确了环境保护是我国现代化建设中的一项战略任务，是一项基本国策；第二，确定了经济建设、城乡建设、环境建设同步规划、同步实施、同步发展，实现经济效益、社会效益和环境效益相统一的环境保护战略方针；第三，强化环境管理政策以及“预防为主”和“谁污染、谁治理”的政策。这次会议充分肯定了环境保护在我国国民经济和社会发展中的重要地位，代表着我国环境管理思想开始走向成熟，标志着我国环境保护工作进入了发展阶段。1986年制定的《中华人民共和国国民经济和社会发展第七个五年计划（1986—1990）》中对环境保护又有了更为详细的规定。在此阶段，我国政府逐步摸索到适合我国环境保护的方针政策，确立了环境保护在国家经济、社会发展中的战略地位；明确了地方政府、企业和环保部门三者之间的环保责任；加强了环保机构建设，逐步建立了国家、省、市、县四级独立的环境保护机构，为环境保护工作提供了组织保障；环境法制建设也进一步加强，环境管理制度体系不断完善；实现了环境保护思想的转变，认识到环境保护工作要加强宏观管理，重视宏观决策和规划研究等。各部门基于现实情况展开了切实可行的环境管理工作，并且取得了卓越的成效。

（三）深化阶段（1989年—2013年）

1989年，国务院召开了第三次全国环境保护会议，把第二次会议制定的大政方针具体化了。会议确立了环境保护目标责任制度、城市环境综合整治定量考核制度、排放污染物许可证制度、污染集中控制和限期治理制度等几项新制度，为解决环境问题提供一定的政策和制度保证。这些制度在我国环境管理的实践中发挥了巨大的作用，推动我国政府的环境保护职能迈上了一个新的台阶。在这一时期，以环保规划和国民经济和社会发展规划为指导，以环境目标责任制为龙头，以水污染防治为重点，进一步加强环境法制建设，强化环境监督管理，城市环境综合整治步伐加快。1996年7月，国务院召开了第四次全国环境保护会议，作出了《关于环境保护若干问题的决定》，明确了新世纪的环境保护目标、任务和措施。此次会议确立了未来中国的环境战略，在全国范围内展开了大规模的重点城市、流域、区域、海域的污染治理以及生态保护工作，同时，在此次会议批准通过的《中华人民共和国国民经济和社会发展"九五"计划和2010年远景目标纲要》中第一次提出了可持续发展的战略，提出要坚持环境和生态保护要同步规划、同步实施、同步发展。强调对国土资源进行保护和开发，同时，加强工业污染的控制，逐步从末端治理为主转到生产全过程控制。中国的环境保护工作迈入了新的阶段。自2006年以来，中国政府更加重视对环境资源的保护并做出了相关努力，这一阶段我国政府在生态环境治理方面做了大量工作。"十一五"规划中以全面落实科学发展观为指导，并制定了明确环境保护目标。此后，我国政府从可持续发展的战略高度提出了一系列的环境与发展综合决策，增加了环境保护投入，强化了环保部门统一监管和分工负责的管理机制，我国政府的生态环保职能逐步走向成熟。

（四）成熟阶段（2013年至今）

党的十八大以来，全党全国贯彻绿色发展理念的自觉性和主动性显著增强，将环境保护上升到战略高度。党的十九大报告指出，必须树立和践行绿水青山就是金山银山的理念。政府投入更多的精力、更大的物力和财力来做生态环境保护工作。这一时期，党和国家对生态文明建设有了"前所未有"的重视，提出了经济建设、城乡建设、环境建设要同步规划、同步实施、同步发展的思路，这一思路被国家作为建设方针发布实施，并确立了“谁污染谁治理”等八项环境制度，奠定了我国环境管理的基础。

党的十九大以来，我国政府逐渐加强生态文明建设的总体设计和组织领导，设立国有自然资源资产管理和自然生态监管机构，完善生态环境管理制度，统一行使全民所有自然资源资产所有者职责，统一行使所有国土空间用途管制和生态保护修复职责，统一行使监管城乡各类污染排放和行政执法职责。政府生态责任在这一时期逐渐成熟并且落实效果极佳。

二、我国城镇化进程中政府履行生态责任取得的成就

伴随着城镇化进程不断加强，我国政府开始意识到只重发展不考虑生态环境保护的做法是不可取的更是不明智的。在此认知下，我国的环境保护日益受到关注，政府开始积极履行其生态责任，并取得了一定的成效。例如，在城镇规划中越来越重视环境因素、生态环境财政收入逐年增加、环境法律制度不断完善等。

（一）城镇规划中环境因素越来越受到重视

随着城镇化的发展和人们对日益严重的生态环境问题认识的不断加深，政府在城镇规划时越来越重视生态环境因素。目前，我国政府已将生态环境因素列入了城镇规划体系之中，将其作为城镇未来发展目标。我国城镇化的规划已经逐步趋向科学，趋向可持续发展，并且初见成效。

1. 建立了多种以生态友好为目标的规划方式

目前我国的城镇规划中，政府将生态思想注入城镇整体规划之中，以生态理论指导城镇发展，以实现城镇可持续发展为目标，建立了城镇生态规划、城镇环境规划、城镇生态设计、城镇可持续规划和城镇绿色规划等多种城镇规划方式和城镇规划思想。

第一，城镇生态规划。城镇的生态规划是针对目前城镇规划体系的一些突出的生态缺陷而提出的一种新的规划思想，是指城镇发展在生态学的指导下，将生态理念与城镇规划相结合，把生态学原理和规律运用到城镇规划工作之中，在生态目标的指向下，对现有城镇规划理论与方法进行改造和更新，使城

镇化实现生态环境保护和可持续发展。

第二，城镇环境规划。城镇环境规划和城镇生态规划相似，是城镇生态环境规划的组成部分和目标之一（表3.1）。城镇环境规划是以城镇规划区的大气、水、噪音、固体废弃物的环境质量分析、评价、控制整治等自然环境为主要规划内容，包括城镇自然资源的利用和消耗对人类生存的影响和城镇功能、结构的机理变化对自然环境变化的影响。

表3.1 城镇环境规划与城镇生态规划的异同

比较分项	城镇环境规划	城镇生态规划
规划理论基础	环境科学、城乡规划学	生态学、城乡规划学
主要规划	自然环境保护、控制环境对人类的负效应	经济—社会—环境复合生态系统的调控与建设
规划要素	以大气、水、土壤、噪音、固体废弃物等自然基质环境为主	除自然环境要素外，还包括经济、社会要素（经济的高效循环、社会关系的和谐稳定）
规划目标	为城镇发展提供良好的环境支持	实现经济社会、生态收益的统一，人与自然和谐、共生
规划载体	规划城镇载体作为自然环境相互作用和影响的物质个体	规划小城镇载体为经济、社会、环境构成的人工—自然符合生态系统
规划环境	主要是自然环境	包括自然环境和社会环境

（数据来源：李永军.小城镇生态规划编制内容研究[D].保定：河北农业大学，2010.25.）

第三，城镇可持续规划和绿色规划。城镇的可持续发展规划是以对象的可持续发展为目标导向，强调对科学发展模式的探讨；城镇绿色规划是借助各种绿色科技手段控制，削减可以避免的污染和影响。

2. 城镇规划更多的关注生态原则

目前，我国政府对城镇发展规划愈加注重生态原则，具体包括以下四个方面：第一，整体性原则。在城镇规划中，政府强调规划目标与区域总体发展目标的一致性，追求社会、经济和生态环境的整体利益。第二，开拓原则。目前我国的城镇规划以环境容量、资源承载力和生态适宜度为依据，不断开拓和占领空余生态位，充分发挥生态系统的潜力，强化人为调控能力，促进可持续发展的生态建设。第三，区域分异原则。不同城镇的生态环境问题有着极大的差异，规划的目的也不尽相同。目前，政府的城镇规划多是基于本区域的现实环境进行规划与目标设定，规划的方式和手段因地制宜。对于需要跨区域治理和保护的生态环境问题，如跨省流域的治理，地方政府多采用合作的方式，共同规划与管理。第四，可持续发展原则。目前政府的城镇规划基本上突出了“既满足当代人的需要，又不危及后代满足其发展需要的能力”的原则，强调资源的开发、利用与保护增值同时并存，合理利用自然资源，为后代维护和保留充分的资源条件，使城镇实现公平、永续的发展。

（二）生态环保财政投入逐年增加

随着城镇化的发展和政府环保职能的逐步完善，我国政府开始对生态环境保护给予更多的关注，国家也开始致力于增加环境保护的投资，我国的生态环境投入出现了逐年增加的良好态势。2006年，财政部制定《政府收支分类改革方案》及《2007年政府收支分类科目》，将环境保护纳入其中（“211”环境保护），并于2007年1月1日起全面实施。这是各地加强环保队伍和能力建设、推进环保机构经费保障工作、提高环境保护投入的基础。“211环境保护”支出科目第一次以“类”级科目的形式出现，使环保在政府预算支出科目中有了户头，把各个部门分别管理、散落在不同科目、以不同形式存在的环境财政支出资金统一纳入环保科目，并细化了预算科目，较为全面、系统地反映了政府各项环境保护支出。2007年以来，中央财政预算环境保护支出累计预算支出4417.3亿元，重点用于环境保护、生态建设以及节能等领域。2008年，国家基本建设投资分11个专项，资金总额约为113亿元，中央财政专项资金分7个专项，资金总额约为164亿，环境保护部门预算资金为24.3亿元。特别是“九五”和“十五”时期，我国的环境投资机制和投资渠道逐步建立，环境保护的直接投入逐年增加，为城镇的环境保护提供了重要的物质基础。近些年，国家通过政府、企业、民间、社会以及引进外资等多种渠道增加环境保护的投入力度，特别是国债资金将生态建设和环境保护作为投资重点，带动了社会资金对生态环境的投入。此外，城市污水和垃圾处理收费政策逐渐完善，污染治理的市场化进程不断加快，为我国城镇的环保投入开辟了多方渠道。

据统计，20世纪80年代初，全国环保治理投资每年为25亿~30亿元，约占同期国内生产总值的0.51%。到80年代末期，环保投资总额超过100亿元，占同期国民生产总值的0.60%左右。“九五”期末，投资总额达到1010.3亿元，占同期国民总值的1.02%，首次突破1%。2008年，全国环境污染治理投资总额达到4490.3亿元，比2000年增长3.4倍，占国内生产总值的1.49%。全国环境污染治理投资总量逐步增加，占GDP比重也呈上升趋势（图3.1）。

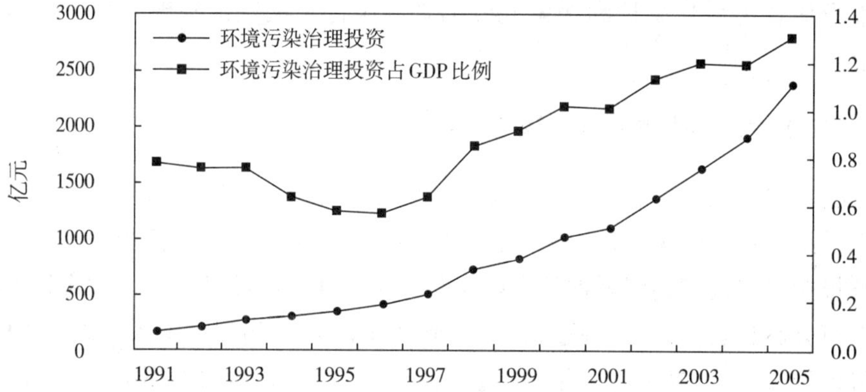

图3.1　中国环境污染治理投资的变化

（资料来源：罗文君.论我国地方政府履行环保职能的激励机制[D].上海：上海交通大学，2012）

（三）生态环境管理机构逐步健全

随着我国城镇化与环境保护事业的发展，我国的环保机构日趋完善（图3.2），各级环保机构建设不断得到加强，为城镇化进程中政府履行生态责任提供了有效平台。

2008年3月15日，第十一届全国人民代表大会一次会议通过了国务院机构改革方案，正式将国家环境总局升格为环境保护部，从“局”到“部”的转变虽然只有一字之差，却使我国环境保护部门由国务院直属部门升级为国务院的组成机构。同时，它的职能范围得到了扩展，在重大战略决策方面有了投票表决的权力。目前，我国政府的环境保护机构具体包括如下部门。

1. 国务院及地方政府

国务院是国家最高行政机关，是环境行政的最高决策机构。国务院根据环

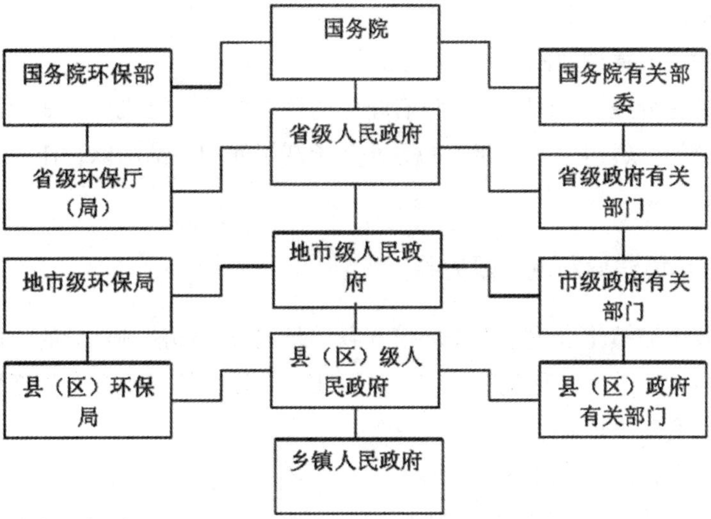

图3.2　中国环境保护行政管理机构结构图

（数据来源：罗文君.论我国地方政府履行环保职能的激励机制[D].上海：上海交通大学，2012.22）

境保护法律制定国家环境行政法规，统一领导国务院环境保护部门及其他负有环境管理职责的部门和地方各级环境保护部门的工作。地方政府是本辖区内环境管理的最高行政机关，依据法律规定的职权，管理本行政区域内的环境保护工作，并且对辖区内的环境问题负责。

2. 国务院环境保护主管部门和县级以上地方政府的环境保护主管部门

根据《环境保护法》第七条第一款、第二款规定：“国务院环境保护行政主管部门，对全国环境保护工作实施统一监督管理，县级以上地方人民政府环境保护行政主管部门，对本辖区的环境保护工作实施统一监督管理。”我国地方政府的环保主管部门由省（自治区、直辖市）、地级市、县（县级市、区）三级构成，乡镇的环保工作由县级环保部门负责。

3. 其他环境监管部门

《环境保护法》第七条第三款、第四款规定：“国家海洋行政主管部门、港务监督、渔政渔港监督、军队环境保护部门和各级公安、交通、铁道、民航管理部门，依照有关法律的规定对环境污染防治实施监督管理。县级以上人民政府的土地、矿产、林业、农业、水利行政主管部门，依照有关法律的规定对资源的保护实施监督管理。”此外，很多环境保护单行法也明确规定了相关部门的环保职责。

4. 综合经济管理部门

我国的综合经济管理部门也设有相应的环境保护职能机构，如国家发展和改革委员会的环资司、国家能源局等，在宏观层面和多部门以合作的方式参与环境管理。

（四）环境法律制度不断完善

随着我国城镇化进程中生态环境问题的日益突出和法制社会的建设，我国政府逐步将城镇的生态环境保护纳入法制化的轨道，使城镇基本生态环境问题的解决实现有法可依。

1. 环境立法工作不断完善

自1979年我国制定了第一部专门的《环境保护法（试行）》以来，我国有关环境与资源保护的法规和规章不断完善。到目前为止，我国已经制定了8部环境保护法律和15部自然环境法律，制定并颁布实施了50多部环境保护行政法规，200多件有关环境保护的部门规章和规范性文件，以及10余件军队环境保护法规和规章。国家环境的标准800多项，批准和签署多边国际环境条约51项，各地方政府制定的地方性环境法规和地方政府规章共1600余项，初步形成了适应市场经济体系的环境标准体系。总体来讲，我国已经初步形成了以《中华人民共和国环境保护法》为核心的生态环境保护法律体系，并且在法律条文的规定中，已经注意到将城镇化的生态环境保护问题作为一项内容加以规范。例如，2004年的《中华人民共和国固体废弃物污染环境防治法》中，专门制定了“城镇和农村水污染防治”一节，在我国现行的《土地管理法》《基本农田保护法条例》《工业法》《农业技术推广法》等一些法律文件中也对城

图3.3 《中华人民共和国环境保护法》

镇化进程中的生态环境保护工作作了较为严格的规定。这些法律法规，对我国环境保护法规体系的初步完善，治理城镇化进程中的环境污染问题提供了有效法律保障。

2. 环境执法力度加强

我国在建立健全环境法律体系的同时，也逐步建立健全权责明确、监督有效和保障有力的环境行政执法体系。逐步形成了由全国人民代表大会立法监督，各级政府负责实施，环境行政主管部门统一监督管理，各有关部门依照法律规定实施监督管理的城镇执法体制。同时，我国的法律法规还对违法行为规定了相关的法律责任，以确保环境法律法规得到彻底的贯彻与实施，使执法的过程更加具有规范性、制度化，改善和提升执法的条件，依法严格打击破坏环境的行为，强化对环境破坏的法律制约，从而降低环境执法的成本。目前，我国的环境执法工作正在逐步形成以集中式执法检查活动为推动，以日常监督执法为基础，以环境监察执法稽查为保证，以公众和舆论监督为支持的现场监督执法工作体系。总体来说，我国已经建立起一套较为完备的环境管理监督体系，形成了宪法、法律、法规、规章及标准五个层面的环保法律、法规与制度体系。使我国的环境执法真正地受到各方面的监督与配合，提高了环境执法的力度和效益。

（五）生态环保制度和政策逐步完善

在城镇化进程中的环境保护实践中，我国政府逐步建立和完善了一系列环保政策。20世纪80年代初，我国政府提出积极推行深化环境管理的环境保护目标责任制、城市环境综合整治定量考核制、排放污染物许可证制、污染集中控制和限期治理等制度和措施；90年代提出可持续发展战略，工业污染防治由末端治理向生产全过程控制转变，开展了大规模的重点城市、流域、区域、海域的污染防治及生态建设和保护工程。近年来，国家大力推行清洁生产，发展循环经济，工作力度不断加大，工业三废治理取得成效，主要污染物排放总量逐步得到控制，城镇环境治理能力不断增强。在我国的城镇建设中，政府已经初步形成了一系列的环境政策和环境决策体系（见表3.2，图3.4），确保城镇化进程中，政府有效地履行生态责任。

表3.2　可持续发展的政策手段

主题	政策手段			
	利用市场	创建市场	实施环境法规	鼓励公众参与
资源管理与污染控制	减少补贴	明确产权	标准	信息公开
	环境税	权利分散	禁令	生态标志
	使用费	可交易的许可证或开发权	许可证/配额	公众知情
	押金—退款制度	补偿制度		公众参与
	专项补贴			

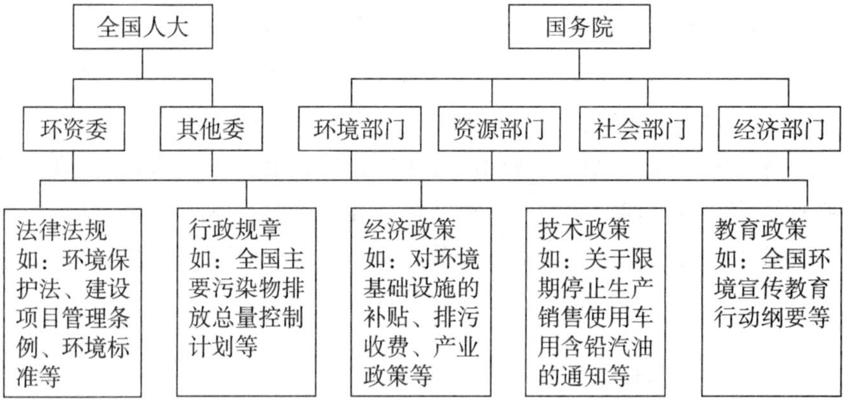

图3.4　中国环境政策框架综合决策示意图

（资料来源：刘利.和谐社会中地方政府环保职能转变研究[D].重庆：重庆大学，2008）

（六）生态城镇建设取得显著成效

随着城镇化步伐的加快和城镇生态环境问题的日益突出，我国近年来开展了大规模的生态城镇建设。全国各种规模的城镇，包括广州、宁波、杭州、扬州、青岛和绍兴等纷纷提出生态城镇建设的目标并开展相关规划研究。这些规划研究大都针对城镇生态环境问题，围绕城镇循环经济建设、生态景观建设、生态功能区划分和经济发展布局等关键内容展开。虽然目前并未在全国形成统一的规划模式、体系和方法，但是很多地方政府因地制宜地建立起了生态城镇的规划目标与途径，并且在城镇生态环境改善方面取得了有效的成就。

以深圳市为例，深圳市的规划总目标是：争取利用约20年的时间，将深圳市建设成为空间布局合理、基础设施完善、自然生态系统服务功能强大、生态经济发达、生态环境优美、生态人居和谐、生态文化繁荣，具备发达的现代产业体系、高度国际化开放格局、浓郁城市特色的高水平生态城市。在此目标下，深圳市建设了一套完备的规划体系："五个三"规划体系，即"三个阶段""三个层次""三个方面""三重网络"和"三项建设"。其中，"三个阶段"是指深圳建设生态市的初级、中级、高级三个阶段过程；"三个层次"是指生态社区、生态城镇和生态市；"三个方面"是指社会、经济和自然；"三重网络"是指水网、路网和绿网；"三项建设"是指城市可持续发展能力建设、城市生态功能恢复建设、城市生态安全建设。在规划框架下，深圳市针对生态问题共设计出21项规划研究内容（表3.3）。

表3.3 生态深圳建设规划主要研究内容、任务表

任务代码	主要研究内容、任务	任务分类
T01	生态市建设的宏观相似性分析	
T02	生态市建设的现实基础和条件分析	规划基础分析
T03	生态市建设目标和指标体系设定	信息提取与平台设计
T04	城市人口问题与控制	
T05	城市生态支持系统现状分析与建设	
T06	城市生态功能区分	
T07	城市绿化与景观生态布局	
T08	城市水生态建设规划	
T09	城市生态交通发展规划	
T10	城市经济发展与生态产业建设	
T11	城市高品位生态文化建设	规划重点内容
T12	城市绿色能源开发与建设	
T13	生态单元划分及其调控导则	
T14	城市生态退化与环境污染控制专项	
T15	城市生态安全体系建设	

（续表）

任务代码	主要研究内容、任务	任务分类
T16	城市可持续发展战略体系和能力建设	
T17	龙岗区生态城镇体系建设	
T18	宝安区生态城镇体系建设	
T19	生态市建设规划方案集成与综合评估	规划方案优化与实施保障
T20	生态市建设规划信息集成	
T21	生态市建设规划实施保障体系	

［数据来源：李巍，张震，张莹莹.深圳市生态市建设规划框架研究[J].科学环境技术，2005（28）：152］

此外，国家还设立了绿色城市、低碳城市、森林城镇、卫生城市等多项目标建设，督促地方政府积极承担生态责任，进行城镇生态环境建设，在国家各类城镇建设的目标下，很多城镇已经积极参与建设，使得城镇生态环境得到有效的改善。

除此之外，我国政府在城镇化进程中的生态思想宣传能力逐渐加强，政府在城镇建设过程中，注重提高地方居民的环保意识，强化居民的环境法律教育。目前，我国政府已经将环境保护的内容渗透到课堂教育中，并且组织学生通过参与环境保护相关的实践活动，领悟到环境保护的重要性。政府还充分利用宣传媒体，开展形式多样的宣传教育活动，以使地方群众意识到环境保护直接关系到切身利益。政府对城镇建设中生态问题的解决加大了科技投入，目前，我国政府正在全速推进环境科技的迅速发展与快速突破，全国许多省份尤其是重工业为主导产业的省份和城市，不仅实现了对环境质量状况的自动检测，而且实现了对企业环境污染源的自动控制。随着政府环保职能的发展与环保机构的完善，我国环保队伍也不断得到加强。据统计，截止到2007年底，全国环保系统共有17.7万人，是20世纪90年代初的2.7倍，其中环境监测人员4.9万人，比20世纪90年代初增长了63.2%，各级环境监测站2399个。

由此可见，我国政府已经逐步发现城镇化进程中的生态环境问题，探索出城镇化发展规律，并且在城镇建设实践中积极履行生态责任，摸索出城镇化进程中解决生态环境问题的具体路径，并且取得了丰硕的成果。

三、我国城镇化进程中政府履行生态责任存在的主要问题

虽然经历了40多年的城镇化发展和生态文明建设，我国政府在实践中总结出一些宝贵的经验，使城镇化的发展趋向科学，城镇生态环境问题得到了初步的解决。但是，我国城镇化进程中仍然存在着很多生态问题，政府在促进城镇化进程中依旧存在着生态责任缺失，主要表现在以下几个方面。

（一）城镇发展中对生态环保的规划缺乏科学性

尽管我国政府在城镇规划中越来越重视生态环境因素，但整体上看，政府对城镇发展的规划仍然缺乏科学性。城镇化发展规划在城镇化进程中对生态环境问题解决有着不可替代的作用，具有技术行为和政府行为的两重性特征。城镇发展规划是指导城镇建设、调控城镇土地和空间资源的总体构想与基本依据。能否科学确定城镇化的发展规划、战略定位和发展方向，是关系城镇化能否健康发展的关键，涉及广大人民群众的切身利益，也是城镇化进程中，生态环境问题解决的重要手段之一。但是，目前我国政府对城镇化发展的规划缺乏科学的制订，导致城镇化进程中生态环境问题层出不穷，影响城镇化的可持续发展。主要表现为以下几个方面。

1. 规划主体单一

日前，我国城镇化规划土体以政府为主，在城镇发展规划制定中缺少专业从事规划的规划师介入，规划主体十分单一。规划主体单一导致很多时候仅仅凭着某些领导或个人的喜好或利害关系，不作深入调查研究，不作分析就比较轻率地制定城镇发展规划。而且，在决策过程中，在条件不具备时，有的领导个人主观认为可以实施，就先知先觉打了包票。这种情况下作出的决策，存在方向错误、考虑不周或者决策人素质低下等多种不良原因，使不少城镇规划不仅脱离了持续发展的轨道，而且直接导致了一个地方的发展前途南辕北辙。城镇规划决策的失误带来的不仅是经济上的损失，更重要的是对资源的浪费和环境的压力，大量财力、物力、土地资源、自然资源损失，归根结底是将宝贵的自然资源断送于无经济价值或负经济价值的行为中，这对于资源本已贫乏的中国来说，是雪上加霜。

2. 缺少环境规划

我国当前的城镇发展规划普遍忽视生态环境问题，尽管生态城市、智慧

型城市的规划已经逐步投入到城镇规划实践中，但这仅在几个国家重点进行生态环境治理的大城市才有所应用，很多地区仍未将环境因素作为城镇发展规划的一部分，没有根据环境要素自身的特征和污染物排放的允许量及最佳排放位置规划建设项目，没有利用这些结果进行城镇化布局。而且，当城镇化总体规划方案确立以后，没有将其返回到环境规划之中，利用环境模型检验该方案是否合理，是否会出现新的环境问题。目前，我国除了县级以上的城市以外，绝大部分的小城镇没有专门制定环境保护规划，其城镇化规划依旧是传统的经济、人口、土地、产业等硬性指标，对于日益严重的生态环境问题依旧置若罔闻。

3. 环境规划实施不利

目前，我国很多城镇的环境规划形同虚设，为了应付检查和填补城镇环境规划的空缺而不得已设置的，并没有真正付诸行动，更不用说解决城镇化进程中的生态环境问题了。再加之生态环境很难产生直接的经济利益和城镇化率，政府对于环境规划的实施缺乏动力，以至于城镇的环境规划很多时候只是一纸空文。

4. 规划缺乏一致性、长期性和连贯性

由于城镇领导换届的问题，领导只重视任期内的生态环境问题，对于城镇的生态环境规划缺乏一致性、长期性。领导更重视任期内的政绩，规划城镇建设时，更倾向于见效快的项目，对于回报周期长，见效慢的生态环保项目避之不及。此外，有的城镇政府一换届，规划立即被改造，使得本应着眼于长远的规划缺乏了连续性和权威性，人为地导致更大的无序和混乱，使城镇化进程中的生态环境问题加剧。

（二）在城镇化建设中重速度轻生态

马克思早就明确指出："社会经济形态发展是一种历史过程。"城镇化作为一个"历史过程"，不可一蹴而就。目前，我国政府在城镇化建设过程中，过多注重城镇建设速度而忽视城镇建设质量，用生态环境换取城镇化发展，这种错误的做法最终会导致城镇虚假繁荣，生态环境恶化，最终阻碍城镇化的发展。

1. 盲目追求城镇化率

我国政府在推进城镇化的进程中，存在着追求城镇化率的"狂热病"。2000年至2012年，中国的城镇化率从36.22%提升到52.6%，每年平均增长1.36个百分点。在实现城镇化率高速增长，过亿农村人口转化为城镇人口的同

时，资源环境问题也在此过程中凸显出来，有些专家学者称这一现象为“城镇化大跃进”。政府盲目追求城镇化率，大量农村人口进城，在统计数据上城镇人口增多了，城镇化率提高（城镇化率=城镇人口数量/总人口数量），但是，农民进入城镇以后生活水平与质量并没有得到本质上的提高，并没有真正实现农民市民化。2012年国民经济和社会发展统计公报显示，2012年末，全国农民工总量为26261万人，农民工虽然在城镇化率统计中被计入城镇人口，但是我国目前只有1.7%的农民工落户城镇，户籍人口城镇化率低于常住人口城镇化率近20个百分点。这说明，广大农民工并未获得在城镇的合法户籍而不能享受相应的公共服务、社会保障和社会福利等，只能每年无奈地往返于城乡之间，形成中国独特的“半城镇化”现象。这种“半城镇化”现象引起住房紧张、交通拥堵、垃圾增多和噪音污染等一系列生态环境问题。

2. 土地城镇化快于人口城镇化

城镇化的核心本应该是人口的城镇化。然而，纵观近20多年的“城镇化热潮”，各地政府已经把城镇化变成了“城镇建设热潮”，城区建成面积和城镇建设用地面积都迅速扩大，但人口城镇化水平却没有得到相应的提高（表3.4）。1990至2011年的21年间，全国城市建成区面积扩大了2.39倍，城市建设用地面积扩大了2.61倍，而人口城镇化率仅增长了0.94倍，空间扩张速度是人口城镇化增长的2.24倍，城市建设用地面积增长速度是人口城镇化增长速度的2.12倍。

表3.4 1990—2011年中国城市面积和人口城镇化情况

项目	1990年	2000年	2010年	2011年	2011年比1990年增长（%）	2011年比2000年增长（%）
建成区面积（平方千米）	12856	22439	40058	43603	239	94
城市建设用地面积（平方千米）	11608	22114	39758	41861	261	89
人口城镇化率（%）	26.41	56.22	49.95	51.27	94	42
城镇人口数量（万人）	30195	45906	66978	69079	129	50

［数据来源：中华人民共和国国家统计局．中国统计年鉴（2011）[M].北京：中国统计出版社，2012：101］

由于政府在城镇化进程中征地范围过宽，补偿严重不足，被征地农民生活水平下降、就业没有着落问题突出。国家统计局对全国2942个失地农户调查，46%生活水平下降。失地农户共7187个劳动力，安置就业的仅占2.7%，被迫赋闲在家的占20%。许多腐败和犯罪案件与土地问题有关，农民上访60%以上和土地有关。大量失地无业农民已经成为影响社会稳定的重要因素。

3.“被城镇化”问题屡见不鲜

所谓“被城镇化”是指农民不是由于自身的主观意志选择，而是由于农村土地被强制征用、城中村被强拆或者是乡村撤并，农民被迫集中到城镇或者中心村的多层楼房和住宅集中居住而被实现的“城镇化”。在“被城镇化”中，不仅农民起码的居住自由权、农民拥有宅基地财产的自由处置权受到侵害，生活成本也随之增加。而且，随着农民被逼进城而来的文化环境变化又给他们带来了严重的心理失衡。因此，“被城镇化”成为当今城镇化进程中社会摩擦最大、矛盾最尖锐、农民不满意程度最高的关节点。

4. 城镇化建设“程式化”和“蜂窝化”

近年来，一些地方政府简单地把城镇化建设当成一种“程式化”的套路来做，从欧式建筑一条街，到大型草原广场，从林立的高楼大厦到新区拓建，城镇出现普遍景观“克隆”现象。“程式化”和“蜂窝式”的城镇建设，忽视地方自然条件与历史条件，随波逐流地模仿，这不仅导致城镇的可识别性和特色日渐消失，而且伴随着这种所谓的“城镇化”建设，某些城镇的历史建筑、城镇风貌和自然环境等遭受灭绝性的毁坏。

5. 过分注重经济增长

过去40年的城镇化进程，尽管生态文明思想已经在逐步渗透到城镇建设之中，但是政府在实际工作中更多的是追求“以经济增长为中心”的城镇建设，很大程度上忽视资源、环境等对经济发展的可承载力。很多地方政府，尤其是小城镇、乡镇一级政府和矿产资源丰富的地区，政府不惜以浪费资源、破坏环境为代价发展经济。“经济发展、环保欠账”成为一些地方的普遍问题。由于政府片面、迫切地追求经济增长率，造成了经济增长与社会发展脱节、生态环境恶化，并引发了一系列生态环境问题，使城镇的可持续发展受到了限制，包括城乡差距逐渐加大，居民收入水平差距持续扩大，教育、卫生、文化等社会事业发展滞后，人口增长、经济发展同生态环境、自然资源的矛盾加剧，经济增长方式落后，经济整体素质不高和竞争力不强等。

（三）城镇环保基础设施建设不完善

环保基础设施主要包括供水、供电、污水处理和垃圾处理等公共设施，是提升人居环境和生活质量的物质基础，也是城镇可持续发展的保障。然而，目前我国政府对于城镇环保基础设施的建设严重不足，不能满足城镇化进程中日益增长的人口对于环保基础设施的需要和城镇生态环境问题的解决。

1. 现有城镇基础设施改进速度慢

由于城镇化进程中的生态环境问题是城镇化开始后出现的，所以城镇生态基础设施建设晚于城镇建设。但城镇生态问题出现后，相关政府部门对于城镇环境基础设施的建设、城镇环境问题治理和城镇生态修复不积极，对原有的落后环境基础设施置若罔闻。城镇应有的配套基础设施建设进程极其缓慢，使城镇的生态环境问题持续恶化。尤其在北京、上海等历史悠久的大城市，在其城镇化开始时，没有发现或者是没有意识到城镇建设过程中的生态环境问题，自然也就没有环境基础设施建设。随着城镇化的持续发展，这类城镇已经发展成为中国特大城市，生态环境问题也逐步显露，并且日益变得严重。然而，对于其生态环境问题解决的环境基础设施建设却并没有快速完成，交通的疏导，污水处理管道、垃圾处理场、城市绿化等一系列环境基础设施并没有及时建成并投入使用，以至于我国的大城市生态环境问题一直没有得到解决，并且有恶化的趋势。

以城镇垃圾和污水处理的基础设施为例，全国668个城市中，534个城市没有城市污水处理厂，134个城市建成的309座污水处理厂，除少数部分采用引进设备外，大部分设备比较简单。由于运行费用没有着落，也经常处于开开停停的状态，不能正常运行。我国每年废水排放量为395亿吨，其中工业废水为201亿吨，占50.9%，生活污水194亿吨，占49.1%，城市生活污水经过处理的只有20%左右，其中经过二级生化处理的只有10%左右，有近80%的城市污水未经任何处理，直接流入江河，成为江河的主要污染源。

2. 新城镇建设过程中环保基础设施建设滞后于城镇化速度

目前，对于新建城镇中，政府的投入依旧没有把重点放在环境基础设施建设上，对于路网、排水管道、电力网线等建设缺乏长远科学的规划，存在建设不足和重复建设等问题，环境基础设施建设没有和经济、政治建设置于同等地位。对于规划、建设、改建和维护的各个环节都缺乏人力、物力和财力的支撑。

图3.5 城镇化进程中垃圾处理设施建设滞后

3. 农村生态基础设施匮乏

城镇化是农村转变为城镇，统筹城乡发展的过程，其中生态环境问题的解决也要均等化。但是，我国许多乡镇和农村的环卫基础设施不健全，没有污水处理设施，没有垃圾处理场，许多自然村没有固定的垃圾箱，镇区、居民小区没有完整的污水排水系统。这种将城镇和农村环境基础设施建设割裂开来的做法，容易扩大城乡差距，最终减缓城镇化速度，也不利于城镇化生态环境问题的整体、全面解决。

山东大学经济学院的樊丽明教授对山东省包括烟台、泰安、莱芜、临沂、潍坊、青岛和东营等地的44个行政村205个农户进行实地调查，调查地涵盖山东省东、西、南、北、中五个方位，基本符合基于地理信息的调查要求，可以大体上反映出我国农村基础设施的现状（表3.5）。

表3.5　农村基础设施现状的基本描述（基于205份调查问卷）

基础设施	项目	调查结果
能源动力类基础设施	平均用电量	12.6千瓦时/人·月
	平均电费	0.56元/千瓦时
	拥有农业生产机械的家庭所占比率	29.7%
交通类基础设施	从村庄到县城路面为硬化路的村庄比率	95.5%
	到直属县域（市区）的客运平均运费	0.45/千米·人
	拥有村内硬化路面的村庄比率	68.2%
水利类基础设施	自来水普及率	88.6%
	节水灌溉（喷灌、滴灌、管灌、微灌）普及率	53.2%
	平均灌溉费用	160元/亩·年
信息类基础设施	固定电话普及率	81.0%
	有线电视普及率	69.3%
环保类基础设施	使用洁净燃料（非秸秆、柴薪）比率	62.0%
	生活垃圾处理率	22.9%

（数据来源：骆永民，樊丽明.农村基础设施的经济效应及农民满意度研究[J].经济问题探索，2008〈12〉）

从表3.5中我们可以看出，能源动力类基础设施建设中农业生产机械的情况并不乐观，使用农业生产机械的家庭比例不足三分之一；交通类基础设施中，仍有两个村没有到县城的硬化路，村内道路硬化率不到70%；节水灌溉设施的普及率仅仅过半；生活垃圾处理率不及四分之一，这些环境基础设施的滞后，对农村生态环境问题的产生有着直接的影响。

（四）对破坏生态环保行为缺乏有效监督和问责

1. 对破坏生态环保行为缺乏有效监督

城镇化进程中对生态环保行为的监督包括自上而下和自下而上两个方面。长期以来，我国的权力监督体制体现了自上而下的特征，即官员对民众和企业进行监督。相反，自下而上的监督机制处于真空地带。这种监督机制很大程度上导致城镇化进程中政府生态失责。

第一，新闻媒体监督。通过广播、电视、杂志和报纸等各种舆论工具传播、公开及时的新闻报道就是新闻舆论监督。新闻媒体监督环境的行政权，不仅能保证其正确并且积极地行使权力，对及时惩罚环境行政违法行为等方面也担当着重要角色。但是，目前我国的新闻媒体作为社会喉舌，发挥作用不够明显。

第二，事前监督手段欠缺。目前，对于我国政府生态责任的监督主要集中在事中监督和事后监督，缺少事前监督。事中监督主要是环境监察局和环境保护督查中心不定期开展的专项检查和现场检查等；事后监督则是针对具体的生态环境行为后的监督，而对于事前监督，例如备案、报告、书面审查等方式，应用非常少，且事前监督手段极其匮乏。这不仅使很多生态失责行为无法从根源上杜绝，而且很多由政府生态失责引发的生态环境破坏后果已经形成并无法补救，使得生态环境监督在实践中显得力不从心。

第三，民众监督渠道不畅通。城镇化进程中，民众对于政府生态失责和环境污染行为进行监督缺乏有效渠道，投诉电话、投诉信箱和投诉网址等多数都是形同虚设。对于民众的监督意见，处理缓慢或是不加以处理、采纳。很多民众监督渠道只是一种形式，在民众监督意见表达后，就没有下文，使得民众监督几乎处于空白状态。

第四，政府对企业的生态责任监督存在严重的地方保护主义。我国绝大部分地方政府存在着地方保护主义，这是影响企业履行生态责任的重要因素之一。地方政府是“经济人”，地方政府的利益主要包括地方公众的整体利益与地方政府的特殊利益，而两方面都依赖于地方企业的经济增长。因此，地方政府与企业的追求方向是一致的。也就是说，企业与政府利益是“趋同”的。在我国某些农村市场管理制度尚未完善的情况下，地方政府可以给乡镇企业提供有效的帮助，比如说银行贷款、获取信息、土地征用等方面。此外，乡镇政府也通过制定一些市场管理制度、地方法规来确保有一个适宜乡镇企业发展的外部环境。在法制不尽完善时，地方政府运用政治力量保护乡镇企业产权，维护其利益。地方政府与地方企业利益的“趋同”正是建立在这种互惠互利关系基础上的。地方政府利益中地方公众整体利益包括当地的居民生活水平、就业水平、地方公共用品的产生等。比如，在我国实行家庭联产承包责任制之后，农村出现了大量的剩余劳动力，政府为了解决这一迫切问题，发展了乡镇企业，据统计，2011年全国乡镇企业员工总数达到1.28亿人，占农村剩余劳动力的50%左右，支付职工工资达4380多亿元。地方公共用品的生产需要财政的支持，财政收入主要来源于税收，而工业与农业相比，工业企业更能为乡政府提供更多的税收。除此之外，当地乡镇企业上缴的利润、管理费用或是集资款等也为当地公众整体利益作出了贡献。这说明乡镇企业对地方各事业发展的贡献也是非常大的。地方企业与地方政府是相互联系、相互促进的关系。地方企业的发展需要地方政府的大力扶持，政府职能的不断完善又需要企业的纳税及预算外收入。地方政府作为环境保护的主体，鉴于企业与政府的密切关系，对企业环境污染的行为规制势必演变为地方政府对自身利益的取缔。由此看来，国家环境保护法到了地方就变成“软约束”，政府对企业生态责任的履行的监督也就变成了形式主义。

2. 缺乏有效的生态问责

尽管我国早已规定了各级人民政府对所辖区域的环境质量负责，但实际上，对包庇、纵容、放任环境违法行为和决策错误而导致辖区生态环境恶化的地方政府领导，对不履行生态环保职责的有关部门负责人和环保执法人员的问责缺乏具体措施，导致很多地方政府未能切实履行生态责任也未受到任何处罚。

第一，政府生态责任追究对象不明确。政府生态环境问责对象不明确主要表现在以下两个方面：一是生态职责和权限不清；二是生态责任划分标准不清。生态问责标准不明确，干部责任难以界定是当前干部问责中存在的主要困难与问题，是制约问责制健康发展的最主要障碍。首先，中央政府与地方政府在生态权责的划分上，中央有对地方放权或将一些权力收回的自由裁量权，这种收放权力的范围不统一，导致中央与地方以及地方各级政府之间容易出现生态职责的权限模糊不清、重叠多变等情况。其次，政府环境部门职权范围较模糊。我国目前政府生态职能转变尚不成熟，要达到部门成员之间冲突少、组织运行井然有序、责任承担清晰，部门的生态职能必须十分明确。目前，各部门之间的权力划分存在很多交叉、重叠之处，当有利可图时积极争夺和行使权力，而出现问题了则相互推诿，导致责任主体难以认定。

在生态责任的具体划分上有如下几个问题：首先是个人责任和集体责任不清。我国行政部门实行首长负责制。首长负责制是指重大事务在集体讨论的基础上由行政首长定夺，具体日常行政事务由行政首长决定，行政首长对本政府或本部门的工作负全面责任独占性的权力和集体共享性的权力。在它们没有各自的适用范围与边界时，往往会出现两种情况：一是由于行政首长责任过重而不堪重负，导致问责出现不公平；二是行政首长以集体决策的名义推卸责任，逃避问责。这种集体责任与个人责任模糊不清的弊端，常常导致一些违法违纪问题打着“集体决策”的招牌，集体承担责任了事。形式上叫作“集体负责”，实际上是谁也不承担责任，导致问责对象难以明确，这种情况导致了政府官员对生态责任的忽视。其次是承担责任内容模糊，被问责的政府官员具体承担什么责任，怎样承担以及承担后果如何，目前还没有具体的规定。在生态环境问题出现之后，负有直接领导责任人的责任比较好确定，但由集体决定的事项发生的环境问题的责任就很难明确。最后就是责任主体难以界定。例如，在追究的责任人前面，常常加有“有关”二字，至于哪些人是“有关”责任人，哪些是“无关”责任人，则没有明确的规定。所以，政府生态环境责任规定不明确，政府环境问责实施就会困难重重，政府环境问责的效能也会大大减弱，可能会对真正责任人没有追究，对“相关”责任人也会漏追究。

第二，政府生态问责范围狭窄。我国行政问责的范围除了在《关于实行党政领导干部问责制的暂行规定》第五条中有明确之外，目前，政府生态问责范围的界定还没有明确的规定，使得政府环境责任追究的范围还存在很大的局限性。对诸如环保行政效率低下、行政不作为等环保行政行为和个人行为，很少被纳入到政府环境问责的范围当中。一些地区出现的“豆腐渣”工程、屡屡发生的行政违法事件，还有因官员领导不力和领导无方引发的重大环境污染现象和行为对国家和人民所造成的重大损失与恶劣影响，从某种程度上讲并不亚于突发的重大事故。这就使得政府环境问责变成了事故后被动的善后程序，而不是日常工作的主动诫勉。这样导致政府行政人员生态环境不作为的状态较为普遍存在。毋庸讳言，我国目前政府环境问责的范围主要局限于已经发生了的重特大环境违法案件或重大政府环境责任事故，而对于一般公务人员的环境监管失职行为缺少应有的惩戒和防范、警示作用，这就必然影响政府环境问责制度效能的充分发挥。

四、城镇化进程中政府履行生态责任时存在问题的主要原因

（一）对城镇化的认识存在较大偏差且生态意识不足

1. 政府对于城镇化的认识存在偏差

长期以来，政府对于城镇化的认识存在严重偏差，错误地认为，城镇化

就是简单的农村变为城镇。在城镇化建设时，沿用传统的发展模式，片面追求速度，追求经济利益，没有意识到生态环境对于经济建设和城镇发展的重要性。很多政府官员不清楚城镇建设和生态环境是相互作用、相互制约的关系，没有意识到进行城镇建设的目的就是提高人民的生活水平，而生态环境又恰恰是影响人民生活质量的重要方面。在城镇建设中，政府对于城镇人口的增加，城镇土地面积的增加和城镇产业发展的重视远远高于城镇环境和舒适程度的重视，长期忽视人文的、资源的、环境的指标。多年来，我国城镇化进程中的生态环境问题始终未走出“边建设边破坏，建设赶不上破坏”这一怪圈。

第一，错误地把城镇化理解为大幅度城镇人口的增加。由于受城镇化率计算方式的影响，不少地方政府片面地认为只要城镇人口增加了，城镇化水平就提高了，单纯、机械地把城镇化理解成为农村人口变为城镇人口。有些地区甚至不惜整体转换农民户口，以达到快速城镇化的目的。在这种错误的思维指导下，农村的生活方式、农民的文化素养和生活习惯等并没有发生本质的变化，城镇的基础设施等公共资源没有得到完善，居民的生活质量和幸福指数也没有因此而提高，只会加剧城乡发展不平衡和生态环境问题。

以河南省郑州市为例，为了加快人口集聚，郑州市从2001年11月开始，在全省率先推行以“降低门槛、吸引高层次人才”为主要内容的户籍制度改革，两个月内就吸纳外来人口10万人。2003年8月，郑州市的入户政策进一步放开，允许外地人员以“投亲靠友”等方式办理入户，“开放”仅一年，又新增入户人口15万人。应该说，郑州市为加快城镇化进程采取的户籍改革方向是正确的，但是由于人口增长过快，引发了一系列社会问题，包括入学、交通、卫生、医疗、住房、治安、垃圾处理、就业以及社会保障问题，这些问题正是城镇化推进中的难题，涉及城镇化整体发展、城镇环境质量以及城镇化的协调发展等问题。此规划在促进人口增长方面起到了积极作用，但是对于相关配套设施的忽视引起了城镇化的畸形发展和生态环境问题的突出。

第二，把城镇化理解为城镇建设。一些地方政府一味地追求城镇建设规模的提升，镇要升级为市，中小城市要迅速做强、做大，一些欠发达地区不顾客观条件，采取拔苗助长的方式，不是注重发展农村经济，而是先演“空城计”：通过强扒强拆、撤村围地，修马路、建房子，修标志性建筑，很多政府未将生态建设纳入城镇建设之中。例如，因“羊、煤、土、气”名声大噪的鄂尔多斯市的居民差不多已经人均拥有3~4套住房，在当地政府的推动下，投入上亿元巨资开凿运河，计划在运河北岸建设1000座100米以上的高楼，形成康巴什CBD，仅目前规划在建高楼就有100座，再过两年市场上的商品房总套数将使人均住房拥有量达到10套以上。花费60亿元巨资打造的康巴什新城，高楼鳞次栉比，成片的住宅区人烟稀少，近乎空城，被一些媒体冠以“鬼城”之名。这种错误的“建城”思想不但没有实现城镇化的真正发展，反而浪费了大量的资源和土地，形成了严重的生态环境问题。

还有一些地方把城镇化等同于城镇建设，大搞形象工程建设。打着“加快城镇化进程”的旗号，大面积乱批乱占土地，建各种各样的产业园、软件园、科技城等，不顾地方经济的实际发展水平，大兴土木；把城镇化错误地理解为城镇面貌的变化。例如，国家级贫困县河南省卢氏县，在当地农民尚未脱贫、教师工资长期拖欠并先后接受国家扶贫款达1.1亿元的情况下，斥巨资大搞县城美化。该县在财政收入不足4000万元的情况下，耗资1396万元，在县城搞起了夜景工程、绿色工程、隔离带等10个“重点建设项目”。县城建了7条不同风景的绿色街道，但是南方的棕榈、黄杨等植物，不适应北方干燥的气候，很快枯萎、死去，资金浪费严重。投资20万元建造的大型喷水工程，用了一个多月就坏了，如今成了一堆废铁，给当地生态环境和人民生活造成极大的负面影响。

第三，把城镇化理解为全面推行工业化。很多政府认为要搞城镇化就要大办工业，办工业就要大办制造业。很多地方政府积极推进工业发展，忽视了农业与第三产业的发展，没有很好地理解城镇产业的发展是第一、二、三产业的协调发展。长期以来，我国城镇化建设形成了依靠重工业发展的模式，造成能源、原材料等上游产业比重大，低水平的加工工业增长过快，高加工度的工业发展缓慢等产业结构不合理的现状。工业发展中一般要占用大量的自然资源，如土地、原材料等。由于我国工业基础薄弱，所从事的行业多属于高污染、高耗能的项目，导致我国自然环境遭到严重破坏。政府这种对城镇化认识的偏差不止导致城镇化进程中产业结构的不合理，更导致了城镇化与工业化发展的偏差和资源、能源的严重浪费（表3.6）。

表3.6　中国城镇化与工业化协调发展情况（%）

年份	城镇人口比例	农业就业比例	非农就业比例	偏差	城镇化滞后于工业化程度
	（1）	（2）	（3）=100-（2）	（4）=（1）-（3）	（5）= |（4）/（3）×100
1999	34.78	50.10	49.90	-15.12	30.30
2000	36.22	50.00	50.00	-13.78	27.56
2001	37.66	50.00	50.00	-12.34	24.68
2002	39.09	50.00	50.00	-10.91	21.82
2003	40.539	49.10	50.90	-10.37	20.37
2004	41.76	46.90	53.10	-11.34	21.36
2005	42.99	44.80	55.20	-12.21	22.12
2006	43.90	42.62	57.38	-13.48	23.49
2007	44.94	40.84	59.16	-14.22	24.03
2008	45.68	39.56	60.44	-14.75	24.41
2009	46.59	37.22	62.78	-16.19	25.79

（数据来源：国家统计局:《中国统计年鉴》，北京：中国统计出版社，2010）

2. 政府的生态意识冷漠

现阶段，我国政府生态意识不足，生态文明观念尚未普遍根植于政府官员意识之中，对生态文明的理解不深刻，落实不到位，对自身的生态责任重视不够。人们还一直延续着“人类是自然界主人”的思想，认为人类是自然界的主宰，自然界是人类征服的对象，自然界的一切属于人类。正是这种错误的观念使生态环境问题成为全球性的灾难，使本应促进人类文明和进步的资源和环境反过来成为人类前进的障碍和威胁。在这种观念的支配下，政府做出了各种各样违背自然发展规律的事情，比如，填海造田、毁林造田、过度放牧、滥杀动物、过度开发各种矿藏资源等。久而久之导致了各种灾害频繁发生，如土壤沙化、生物多样性减少、江河断流、全球气候变暖和矿藏资源不断枯竭等。在城镇化进程中，政府通常认为，建设一个富强的城镇，对自然资源的开采是不可避免的，很多时候，政府为了实现城镇化的快速发展而对破坏生态环境的经济行为“开绿灯”；或者是在要对生态与经济做出取舍的情况下，常常是“忍痛割爱”放弃生态环境，乃至相关的公民利益。这种冷漠的生态意识使生态文明建设很多时候只是一纸空文，并没有落实到实践中去。

此外，地方政府在生态意识、生态责任和生态保护行为的步调上并不完全一致。中央政府的“生态文明建设”思路很明确，可是长期以来，许多地方政府并未摆脱“发展就是硬道理”“GDP就是硬道理”的固有观念，生态文明建设并没有落实到城镇化发展的实践中去。一直以来，为满足人民不断增长的物质文化需求，各地政府在制定各项政策时往往以经济效益为中心，而忽视了长远的生态利益。各级政府奉GDP为最高目标，采用以经济增长为核心的城镇化发展战略，调动一切力量发展经济。这种快速增长是建立在对发展速度的偏执追求以及对资源的大量消耗、低效率利用的基础之上。在这种唯GDP至上，只注重经济发展的思想引导下，政府官员的价值取向出现了严重的非生态化倾向。各地发展经济和快速实现城镇化的愿望强烈，在处理城镇化发展与生态环境保护的关系上，有的急功近利、顾此失彼、违背自然规律，超出生态环境承载能力过度开发；有的忽视污染防治措施，规避环境监督管理违规生产；有的地方政府为了政绩大抓形象样板工程，却对环保设施匮乏和环境污染熟视无睹，缺乏对城镇生态环境的保护，置自然资源破坏，生态环境恶化于不顾，最后导致城镇经济畸形发展，生态环境日益恶化，城镇化速度减慢，城镇发展停滞甚至后退。

（二）城镇化建设中生态环保投入严重不足

尽管城镇化进程中，政府对于生态环保的投入逐年增长，但远远不能满足城镇化进程中生态环境问题治理与防治的需要。资金的匮乏严重地影响了城镇化进程中生态环境问题的解决。

首先，我国城镇化进程中，环保资金投入不够。尽管我国政府在城镇化进程中的环保投入逐年上涨，但是其环保资金仍然紧缺，无法满足城镇化发展带来的环境污染治理需求。从我国环保投资总量来看，每年在污染控制方面的平均投入仅为国民生产总值的0.6%，而发达国家则高于2%。中国的环保投资总值只有提高到1.5%以上，才有可能遏制中国的环境污染。所以，我国

图3.6　城镇环保基础设施

环保投入存在较大缺口，环保资金短缺成了困扰城镇生态环保事业发展的主要因素。

其次，环保投入主体单一。由于城镇环保基础设施建设具有公共物品性质，其特点是投资数量较大，建设周期长，投资回报率低，长期以来城镇环保基础设施的投入完全依靠公共性质的财政支出。但是，由于在经济市场化过程中，政府财政收入增长缓慢，政府财力无力负担日益增长的城镇环保基础设施建设投资，而企业和个人对城镇环境基础设施的投入却少之又少。单一的环保投入主体使得城镇生态环境基础设施建设和生态环境问题的解决在财力方面显得力不从心。

再次，政府的环保投入具有盲目性。有很多地区的物质投入缺乏针对性、科学性和系统性，环保设施为应付检查和城镇指标而建，没有实际意义，形同虚设，其建立无法解决城镇化进程中所出现的生态环境问题。

例如，国电公司“十一五”规划中写明，计划投资236亿元，从城市通过线路把电送到边远地区，解决边远地区120万农户的用电问题。据估算实际投资将达到500亿元，也就是平均每户农民投资2~4万元，这些资金几乎能给每户农民安装一套太阳能光伏电池系统，或就地建设小型风能发电站。以城市供电模式用线路把电送到边远农村，70%~80%的电能都消耗在线路上面，农户电灯实际只耗费了20%~30%。这种盲目的基础设施建设，没有解决农村的实际问题，实现农村的城镇化，反而浪费了大量的资源，引发生态环境问题。

（三）城镇化建设中生态环保手段过于单一

在处理生态环境问题时，政府应该通过经济手段、行政手段、科技手段、教育手段和法律手段等多种手段的综合运用来解决问题。但是，目前我国城镇化建设实践中，政府习惯用行政手段和法律手段，用行政命令的方式单打独斗，用法律、法规约束企业和民众的行为方式，忽视经济手段的引导作用和教育手段的感化作用。

1. 未能综合利用多种手段

城镇化进程中的生态环境问题涉及范围广且复杂多变，政府既需要运用法律和行政强制手段，也需要发挥经济手段的调节作用；既需要立法、执法的保证作用，也需要开展环境教育以普遍提高人们的环境道德观念和公众投身环境保护与建设的自觉性。但是，目前我国城镇化进程中，政府未能充分、综合运用经济、行政、科技、教育和法律等手段，而是热衷于行政手段和法律手段，忽视其他手段。这种手段运用比重上的偏差导致生态环境问题的解决没有形成合力，见效缓慢。

2. 教育手段运用极其匮乏

政府通过教育手段，普及生态环保意识，可以增强人们的自我生态环境保护意识和生态环境保护专业知识。目前，我国多数人对于环境问题的客观状况缺乏清醒的认识，尤其是刚进城的农民。调查显示，国民对于环境状况的判断大都缺乏敏感性，对许多根本性的环境问题缺乏了解，相当一部分公众不会主动地获取环境知识。2000年“世界环境日”前后，国家环境保护总局和教育部联合进行的全国公众环境意识调查报告得出的结论是，我国公众的环境意识和知识水平还都处于较低的水平，环境道德意识较弱。

公众环境意识中具有很强的政府依赖性特征，政府对于强化公众环境意识具有决定性的作用。然而，在城镇化进程中，政府最少运用的手段就是教育手段。我国缺少由上而下的系统地针对全体公民的生态教育机制，公民接受生态的教育较少。即使有，其教育方式也较为简单，往往是通过材料发放，立法等手段进行教育警示，而在对破坏生态环境的组织、个人进行惩治方面，却缺少有效的教育方式，往往一罚了之，缺少必要的教化。例如，现在我国城镇的垃圾分类，政府并没有对公众进行很全面的教育，甚至在北京这样的首都城市，仍然很多居民没有搞清如何进行垃圾分类。

3. 经济手段不健全

生态环境管理的经济手段指的是发挥价值规律在环境管理中的杠杆作用，制约当事人的环境行为，促使环境成本内在化，控制生产者无节制地开发资源和损害环境的不当行为，引导和激励当事人主动采用有利于环境保护的一种管理手段。目前，我国城镇化进程中政府的经济手段不完善，未能充分运用价格、税收或收费、押金、信贷、补贴等手段调节企业和个人有关生态环保的行为，关于环境收费或环境税、押金退款制度、优惠贷款制度、可交易的排污许可证市场和资源配额市场、执行鼓励金等相关的环境手段还有待于建立和完善。

（四）城镇化进程中生态环保制度体系不完善

1. 监督机制不完善

监督机制是保障公共权力合法运行，维护社会公正民主程序的各种监督手段和方法。城镇化进程中，对政府履行生态责任的监督机制不完善，是导致政府生态失责的重要原因。

（1）权力机关监督流于形式

目前，我国并没有专业化水准的机构对政府机构的生态责任实施监管。人民代表大会作为我国的立法机构，需要大量的专业化、高水准的人员去落实已制定的法律条文，但是由于专业人员的匮乏，使得很多部分监管职能在实践当中成为一种表象化工作。而且，由于人民代表大会对政府环境机构的监管主要是法律以及工作范围内的监管，主要依托时间以及频率均有限定的商讨会议形式实现，这种规定导致权力机关对政府生态责任的监督频率低，长效性不强。

此外，权力机构相关部门的环境监管形式的约束条件比较多，但是配套的辅助保护措施匮乏。权力机构按照法律规定，对相关职能部门在环境工作中显现的相关破坏环境安全的事件能够及时发现，并且将质疑提交行政机构以此实现监管，权力机构要提出关于环境监督的质询案的时候必须与该要求相吻合。我国这样的规定明显不利于监督权力的行使，不利于这种监管职能的有效实施。人大监管中的质询是相关机构的工作者在参与调查监管案件过程中，针对案件中不明晰的因素提出质疑，并且需要行政机构回复相关问题。这里所说的质疑必须以文字的形式反应出来，如果没有，就属于咨询的范畴。可见，质疑和咨询在对待疑问的程度上是有区别的，假如在提出质疑时并没有采用文字的形式，就属于咨询的范围，这自然加大了有效的实施质疑的难度。所以，我国权力机关对于政府的生态责任监督很大程度上只流于形式。

（2）监督主体缺乏协调力度，不宜发挥监督合力

在我国，监督主体主要包括政党监督、国家权力机关监督、司法机关监督、行政机关内部监督、群众监督和社会监督等。城镇化进程中，对于政府生态责任的监督各实施主体间的交流不够紧密，没有将相关的信息资源交换，彼此之间存在着一些利益的冲突，导致监督不能有效地实施，影响监督的力度。例如，我国目前对干部的生态责任监督普遍实行的干部管理部门委托立项、审计机关组织审计、纪检监察和组织人事部门利用审计结果进行评判的监督主体相互分离的生态责任监督模式，这种监督模式导致监督立项不能很好地考虑监督部门的特点、监督实施不能很好地反映组织人事部门的要求、监督结果不能得到组织人事、纪检监察部门的很好利用，导致监督主体缺乏协调力度，不宜形成合力。

（3）公众监督缺乏制度保障

公众对环境行政的监督是公民按照指定的途径或程序参与环境的行政权的运行，对环境行政进行有效的社会监督，包含参与环境行政立法、监督环境执法、制作环境影响评价等一系列活动。例如，检举所有侵犯环境权益的环境行政行为、控告甚至提起环境行政诉讼，或者对相关部门环境违法行政行为的调查提供协助等多种方式，这是《环境保护法》赋予公民的一项权利，它保障了环境行政权合法合理实施。但是，受影响于传统的计划经济制度模式，在保护环境方面我国大力强调政府在保护环境方面的主要地位，在保护生态环境的工作中，政府承担着组织者、动员者、参与者与监督者等多种角色。这样一来，政府不仅能够维护公民的环境权，也能够左右公民在环境中应有的权利，甚至有时候还可能忽略公民参与国家权力的监督，剥夺公民参与保护环境的权利。有些情况下公民参加环境保护的积极性较低，参与难度大，这是因为公民在参与环境行政监督中的地位不明确，参加的形式还比较单一，有时缺少可操作性。由此可见，我国的公民参与政府生态责任的监督体制并不成熟，导致在城

镇化实践中公民参与政府生态责任监督的效率较为低下。

此外，政务公开度低也导致了公众对政府生态责任监督的不畅通。政府的信息公开是公民参与监督的必要前提，是生态责任监督基本前提。政府信息公开机制是指政府依据法定程序以法定形式公开与社会成员利益相关的所有信息，并允许公众对政府信息进行查阅、引用、复制、收听、收看、收藏的一套规范和制度。2008年5月1号，从我国《信息公开条例》正式施行以来，虽然各地政府对信息公开做了一些积极的探讨，但由于我国长期以来缺乏对信息公开的法律规定和行政习惯，现在我国政府在信息公开部分仍存在缺陷，地方政府环境信息公开有浓重的政策性，太过于原则性，并且缺乏可操作性，公民参与信息公开制度的制定过程缺失。在信息公开机制不完善的情况下，公民只能被动地接受政府提供的信息，在没有获取信息的情况下，政务不透明，公民难以抉择出政府是否有效履行了其生态责任，更加无法判断政府及相关部门能否承担相应的责任。

2. 问责制度不健全

《中华人民共和国环境保护法》第16条规定："地方各级人民政府，应当对本辖区的环境质量负责，采取措施改善环境质量。"但对于应该如何采取措施改善环境质量以及没有改善环境质量应如何确定并追究责任则没有相应的规定。对于地方政府因环境保护不作为而导致生态破坏、环境质量下降的情况也无人问津。

如果法律或制度赋予个人一项权利，但是在这种权利受到侵害之后没有任何行政和司法保障，那么这种权利就是无效的。因此，可以说，政府生态环境问责制度的完善，决定了政府生态环境问责作为一种新的行政监督机制能否真正体现和实现民意，并直接对政府环境问责的制度化进程产生重大的影响。然而，我国现行的制度法规中，生态问责制度不健全，在一定程度上导致了政府在城镇化进程中的生态失责。

首先，我国环境法律法规中对于执法人员的法律责任规定往往十分抽象，使得责任追究的具体主体不明确。我国法律在规定环境行政管理机关不履行法定责任时，往往都是规定为"环境保护监督管理人员滥用职权、玩忽职守、徇私舞弊，由其所在的单位或上级主管机关给予行政处分；构成犯罪的，依法追究刑事责任。这种规定的大量存在使环境执法人员行政责任的设定过于原则和抽象，出现违法行使职权或不履行职权的情况时缺少责任追究的依据。

其次，按照《环境保护违法违纪行为处分暂行规定》的规定，责任追究的对象仅限于“直接责任人”，而没有区分直接责任和领导责任。直接责任是指行为人的行为与重大损失的后果之间具有内在的、必然的因果关系，是对重大损失结果的发生起决定性作用的人员。而领导责任与直接责任不同，是指领导人实施领导行为时应当承担责任的总称。它并不是一个规范化的术语，在个案中应该根据具体领导行为的性质认定具体的责任形式。由于行政机构中，直接参与生态环境管理的工作人员往往是根据在权力体系中较高的相关人员的指示、命令、审批等而进行相关工作的，因此在责任追究中仅追究直接责任人的责任是不合理的。单追究直接责任人的内部责任很可能使真正的违法行为决策者、批准者逃脱应有的责任，使直接执法人员面临“背黑锅”的风险，对于生态责任失职的追究相当不利。

3. 官员考核制度不合理

官员政绩考核制度是国家行政机关按照一定的原则对工作绩效测量标准，定期或不定期地对政府官员在工作中的政治素质、行为能力、工作态度和工作成果等情况进行考查和评价，为官员的奖惩、培训、辞退、调整职务、级别和工资等提供客观依据的一种制度。《中华人民共和国公务员法》从原则上规定了对政府官员考核的内容和标准，即从官员的德、能、勤、绩四个方面来确定干部优秀、称职、基本称职和不称职四个等级。

传统的观点认为，政府官员的政绩主要从一个国家或一个地区在一定时期内物质价值量和劳务价值量的增加来表示，即看这个国家或地区的经济增长，而经济增长衡量的指标就是GDP。因为GDP的增长是干部政绩最直观的表现，是其获得嘉奖、晋升最重要的依据。实际上，这种核算指标忽略了自然资源匮乏和生态环境恶化对经济活动的制约，没有反映资源的浪费程度，也没有反映环境污染的程度。如果一种经济增长是通过掠夺自然资源和滥用环境取得的，则无论增长速度多快，其总财富的增加将是非常缓慢的，甚至会出现负值。因此，以GDP为考核官员的政绩标准并不合理，无法反映出政府官员对生态责任的履行状况。

我国现行的政绩考核制度很少将生态保护指标纳入政绩考核指标体系，对于城镇化进程的考核指标也仅限于城镇化率的增长，客观上导致了政府对生态环境问题的漠视。一些地方的政府官员为了片面追求经济发展速度而不惜破坏生态环境，以高昂的生态代价求得经济的发展。

4. 法律制度不完善

改革开放以来，虽然我国政府的生态环境法律的制定与完善工作取得了一定成效，在依法协调人与自然关系中发挥了重要作用，但是，我国现有立法比较零散、不全面、实用性不强，无法完全满足解决城镇化进程中生态环境问题的需要。在生态环境立法中，对政府（包括政府及其有关环境行政主管部门）是淡化其生态法律环境义务的，对企业等行政相对人则是加重其生态法律义务：重视追究生态环境行政相对人的法律责任，轻视政府的生态环境法律责任；重视追究行政相对人的生态环境问责制，轻视追究行政主体的生态环境问责制。这种法律上对政府和行政相对人的双重标准，不仅使行政相对人怀疑环境法律的公平性与正义性，也使政府官员滋长了超越环境法律约束之外的官本位思想，从而使现行环保法律法规的正当性和有效性大打折扣。

第一，尚未形成一部真正意义上的综合性生态保护基本法作为环境法律法规的统帅。生态环境是各环境要素与人类共同形成的一个有机的统一体，它涉及生态系统的各个要素，所以制定一部从生态环境的整体出发，坚持生态本位思想的立法理念，追求生态利益与人类利益共荣共存的生态环境保护基本法是保护生态环境的有效途径。有效的生态环境保护基本法对生态环境的界定、法律原则和法律制度等都应有比较系统完备的规定，在这一基本法的指导下进行生态环境保护配套法律法规的建设，会有更明确的原则指导和更明晰的建设方向。而我国的现实情况却是环境污染防治、自然资源开发利用与生态保护三个领域脱节，其主要原因在于我国尚没有一部真正意义上的综合性的生态环境保护基本法。

第二，我国生态环境保护的立法在个别领域还依然存在空白。譬如，如今人们关注和热议的大气颗粒物PM2.5，在立法上仍然处于空白状态，亟需立法调整；日益严重的土壤污染缺少可操作的法律规范；科学领域最新出现的化学品管理、遗传资源保护、核安全等缺少法律法规，这方面出现问题时，处罚依据不足。由于我国一些重要的环境领域在法律上仍然是空白，在实践中无法可依，导致我国的生态保护工作陷入被动。此外，在程序法方面，由于生态保护具有长期性、公益性、技术性、国际性等特点，因此，专门的生态保护程序法律十分繁琐，目前还没有完全建立，生态程序法大多散见于各实体法之中，除环境行政复议程序外，其他有关执法程序的法律都有待制定。以我国生态犯罪罪状空白为例，生态犯罪的罪状表述在我国刑法中多呈现空白罪状类型，且刑法典关于生态犯罪的不法表述本身也存在诸多瑕疵，集中体现为：①刑法关于生态犯罪的罪状表述类型不一致，或是笼统地采取“违反国家规定”或是采取“违反有关法律规定”。现有的表述类型具有一定的模糊性，导致司法认定相关犯罪时的不确定性，即，刑法典并没有为认定生态犯罪的不法要素提供明确的指引。此种立法现状固然可以归因于刑法是类型化的规定，生态犯罪种类的纷繁复杂难以用明确的规范化术语表达，但在客观上却的确为生态犯罪的司法认定带来了诸多困惑。②在关于生态犯罪的司法解释中，诸多属于主观不法的要素被强行列入客观不法的范畴，此种做法不仅与评价犯罪的基本原理背道而驰，而且更为致命的是引发生态犯罪不法要素认定的混乱。在不法要素的内在构成发生错乱的情况下，认定不法要素的标准以及方法自然也不可能清晰。这种含糊不清的表述与界定方式，使得在具体问题发生时找不到对应的法律依据，形成了严重的法律空白。

第三，现有法律更新滞后。现有法律严重滞后，法律与现实脱节，不适应现实生态环境保护、修复和改善的需求。我国生态方面的法律大多是20世纪六七十年代计划经济体制还没有大的改变的情况下制定的，法律比较强调政府直接行政干预。而在确立市场经济体制以后，制定和修订的生态法所占比重较小，许多法律规定不适应社会主义市场经济下的经济和法律运行方式，导致在现实执法中有法难依、执法效果不佳等问题。同时，生态立法也滞后于生态理论的发展。科学发展观将环境保护与经济、社会的发展用生态的、政治的、经济的、伦理的观念结合在一起考虑，把生态管理作为优先发展的目标，但是，我国的生态与环境法在这些方面还没有明确规定，明显落后于伦理的发展，法律对社会观念的引导促进作用发挥不出来。

第四，一些生态法律、法规之间相冲突。目前，我国已经生效的法律、法规之间存在不协调，甚至是自相矛盾的情况，导致执法者无法明确选择适用。生态立法存在着“宜粗不宜精”的倾向，法律条文过于原则化、抽象化，极容易导致在执法过程中产生理解上的差异。地方保护主义使得一些地方政府不能依法制定出适合本地区相应的规章制度和政策措施。各地区缺少联合与协调，各自为政，使地方性法规大多顾及部门利益、地方利益，而不顾及生态保护的大局。部门分割、相互冲突的生态法律法规，直接导致了政府生态管理能力的低下，造成了政府对环境管理的失效。

第四章

国外政府履行生态责任的实践经验及对我国的启示

西方发达的资本主义国家是世界上最先实现工业化和城镇化的国家，在享受工业化与城镇化带来的进步和文明的同时，也出现了生态环境急剧恶化的严重问题。总体来看，西方发达资本主义国家在城镇化与生态环境问题上，走的是一条“先污染，后治理”的道路。二战结束后，随着经济的恢复，工业快速发展、人口急速膨胀，城镇化速度空前加快，生态环境问题也持续恶化。西方各国政府开始意识到生态环境保护的重要性，从各自国家的实际情况出发，探索出符合自身国情的生态保护之路。他们的实践经验也为其他各国政府处理城镇化与生态环境问题提供了宝贵的经验。鉴于此，本章主要介绍和归纳英国、美国、法国、德国、日本、巴西等国家在城镇化进程中生态治理的主要经验和特点，在此基础上提炼出适合中国国情的宝贵经验。这里既有老牌资本主义国家，又有后发资本主义国家，既有发达国家又有发展中国家，既有欧美国家又有亚洲国家。这样广泛选取样本，具有全面性和广泛性，能更好地从中找出适合中国政府在城镇化进程中解决生态环境问题的方法与道路。

一、国外政府履行生态责任的实践经验

（一）英国的实践经验：自愿管理手段和信息公开制度

英国是世界上最早发生工业革命的国家，作为老牌的资本主义帝国，英国也是人类历史上最早实现工业化和城镇化的国家。但是，作为工业化和城镇化的副产品——生态环境问题，在英国也表现得尤为突出。19世纪中期，英国严重的环境污染导致了严重的大雾天气，此种天气比工业革命之前增加了三倍，英国首都伦敦也因此得到了“雾都”的称号。在大雾里，充满了煤烟、粉尘的污染物，进而导致了肺病的增加及其相关呼吸疾病的蔓延，产生了严重的健康问题和社会问题。二战结束后，英国的生态环境问题进一步恶化，已经到了非治理不可的程度，在这种情况下，英国政府和公众日益意识到了环境保护问题的重大意义，找到了多种有效治理本国生态环境的措施。经过了几十年的努力，英国的生态环境得到了基本好转，并且形成了具有本国特色的生态治理经验，主要包括以下两点。

1. 多种类型的自愿管理手段

在自愿管理手段中，主要包括环境管理制度、信息公开制度和私下协议三

种方式。环境管理制度是由企业自愿进行的企业内部环境管理，它通常包括环境规划、环境政策和政策执行等方面。在20世纪70年代，英国政府发表的《公司改革白皮书》最初涉及企业的社会责任的内容。在70年代以后，企业的社会责任从最初的参与公益事业，逐步上升到为维护社会的公共环境和为公众提供良好的工作条件等。在英国，维护公共环境，将企业对环境的影响降到最低是企业的重要社会责任，企业在追求自身发展过程中必须实践社会责任。1992年，英国颁布了世界上第一部“环境管理制度”，它对于企业环境管理系统的开发、实施和维护都规定了明确的标准。1997年，英国环境部和工业与贸易部联合成立的“企业与环境顾问委员会”，颁布了《环境报告与财务部门：走向良好实物》的文件，对企业的环境报告标准作出了规定。尽管这个文件并非强制性文件，但是由于其政府性，它仍具有规范企业行为的作用，促进企业履行生态责任。英国政府在2003年颁布了《企业社会责任展望报告》，政府将会促进企业在经济、社会和环境三个方面共同赢利，为企业创造有利于负责任的良好环境。可以说，企业的社会责任已经成为影响企业发展的重要因素。在英国，投资者在选择投资对象的时候，越来越重视企业的社会责任了，这无疑促进着企业的环保积极性和主动性。

2. 环境信息公开制度

环境信息是政府管理的重要内容，随着各国政治发展进程的推进，政府政务公开成为各国政府建设的任务。在现实环境保护过程中，环境信息的公开有利于公民环保意识的觉醒和各种环保政策的制定和实施，以便社会的监督和消费者的选择。英国政府在1992年颁布了《环境信息条例》，该条例规定，除了某些例外，任何人都有获得环境信息的权利。掌握环境信息的政府部门有义务对公民的环境信息要求作出回答，如果拒绝的话必须给予书面的说明并且对相关原因进行解释。1999年，英国颁布了《信息自由法案》，这个法案使得公众有了更广泛获得环境信息的渠道，保证了公众和社会团体的知情权。这一制度也更方便了英国公众对政府生态责任的监督。

（二）美国的实践经验：环境立法和环境警察制度

美国是当今世界上最大的发达国家，在其成长为超级大国的历程中，它也面临着严峻的环境问题。第二次世界大战结束以来，随着经济的恢复和发展，美国发生了几次震惊世界的环境污染事件。在这种情况下，美国政府先后采取多种举措治理美国的生态环境问题，具体包括以下几个方面。

1. 环境立法

在20世纪60年代，随着美国经济的繁荣，环境恶化问题日益成为美国面临的重要问题。那时，环境污染，环境事故成为推动美国环境立法的主要动力。二战结束不久美国陆续发生了几起严重的环境污染事件。1947年，宾夕法尼亚州的工业小镇多诺拉因严重的空气污染，四天中近6000人生病，400人死亡。西部重镇洛杉矶在20世纪40年代就出现严重的空气污染问题，1943年和1952年发生了两次重大的光化学污染事件，产生了严重的后果。面对接踵而至的环境事故，美国政府相继制定了多样的环境法规。

1980年美国制定了《综合环境反映、赔偿和责任法》，此后经过不断地修订和补充，这部法律奠定了美国环境保护制度的法律基础，具有里程碑的意义。这部法律的内容包括：有物质责任，赔偿，清理和紧急反应以及有废物处置场所清理程序、责任；建立有害物质对应信托基金；规定了补偿责任，确定人的连带责任和具有追溯力的法律效力；明确了联邦政府在处理危险物质上的权限和应急制度；建立信息报告和发布制度。此后，一系列法律陆续出台，1986年美国通过了《紧急计划和公众知情权法》，1990年通过了《石油污染法》，同年在环保组织的推动下，排污权交易写入《清洁空气法》修正案，以此来控制二氧化硫的排放。同时，法院的诸多判例也成为环保法律的

图4.1　US EPA美国环保署认证

有利组成部分。

在美国进行生态治理的过程中，环境立法发挥了重大的作用。这一方面固然与美国良好的法治传统有关，同时我们更应该看到，它是美国政府和广大民众积极推动的结果。首先宪法层面，在美国的宪法中，并没有涉及环境保护的内容，但是国会仍根据宪法第一条第八款规定，“制定由宪法授予联邦政府或者其他政府部门的一切其他权力所必要和适当的所有法律”的权力，以及宪法第二条第八款赋予国会管理规定“合众国与外国之间，各州之间以及印第安部落之间的贸易”权力，宪法第四条第三款“国会对于属于合众国的领土或其他财产，有权处置和制定一切必要的条例和规章”，制定相关的环境法律。宪法上的相关条款为美国的环境立法运动提供了法理上的基础。

上述的分析显示，美国的环境立法也经历了相当长的时间，由不完善到完善的过程。通过几十年的努力，美国成为世界上环境立法十分完善的国家。这些法律有力地推动了美国环保运动的发展，为美国环境保护的实现发挥了基础性的作用。

2. 环境警察制度

美国的环境警察是美国环境保护的重要组成部分，同时也成为美国环境保护的独具特色之处。20世纪80年代以来，美国注重运用刑事手段制裁环境领域的违法行为。1982年，美国司法部成立了环境犯罪小组。同时，联邦环保局也建立了刑事调查机构。联邦环保局还由专门机构负责重大环境违法问题的调查和诉讼，即刑事调查科。刑事调查科在全美设有16个地区办公室，25个驻地特派办公室，并组成90余个联邦、州以及地方政府机构的特别执法行动组。同时，美国环保局在全美设有40余个地区或区域执法办公室，并得到法院的支持。

美国联邦环保局强大的调查能力极大地提升了其司法诉讼能力，自成立以来，联邦环保局运用刑事手段处理的违法案件逐年递增，可以说，美国的联邦环保局在惩治环境违法案件，维护美国环境保护方面发挥了决定性的作用。

美国各州的环境污染执法机构也与联邦环保局大体相似。有一些州就设有环境执法警察，负责对环境违法案件进行调查。例如，美国的西部大州加利福尼亚就有环境警察，宾夕法尼亚州还设有环境犯罪局，负责与环境有关的犯罪侦查和起诉工作。从中央到地方完善的环境监控机构的设置，有力地防范了各种环境犯罪行为，维护了相关法律的尊严。

3. 美国地方政府积极履行生态责任

在联邦主义的环境管理体制下，联邦政府根据宪法与环保法律规定行使环境管理权，州具有很大的自治权，可以为了各州人民的健康、安全和福利行使宽泛的、实质性的环境管理权。同时，法院对政府行使环境管理权发挥着重要的监督作用。在联邦宪法中，没有明确的关于联邦管理环境事务的条款。宪法的第一条到第八条被称为“州际商业条款”，也被视为联邦政府环境管理权的宪法依据。联邦政府具体的环境管理权主要是通过颁布的大量的环境保护法律授权管理。迄今为止，通过了大量的环境法，包括空气、水、固体废弃物、化学品和农药以及自然保护区等许多方面的环境保护法律。

州的环境管理权主要来源于两个方面。一是各州固有的自治权。州保留了一般的、通用的警察权力来管理各州的健康、安全和福利。通常，环境保护主要与公共健康问题相关，州所拥有的警察权力是救济许多环境伤害的基本权力保障。二是来源于联邦环保法律授予的权力。许多的联邦环境法律授予了各州管理其辖区内环境事务的大量权力。这样一来，州一级政府在环境管理中起着非常关键的作用。州的环境管理权由专门的环保行政部门来行使，如在纽约州就是由纽约州环境保护部统一行使，当然其他行政部门，如交通部门，也在其管辖权内有一定的环保职责。

地方政府的环境管理权主要体现在两个方面。一是运用授予的权力管理那些与地区居民公共健康、福利和安全相关的环境事务，如森林保护、地方公园管理、土地使用控制等。在这些方面，如果联邦与州没有相关的法律规定，地方政府可以自行立法。二是执行联邦和州的环保法律。地方政府可以制定比联邦或州更严格的环保法律法规，如大气污染防治、下水道与污水排放、固体垃圾的收集与处理、城市规划等方面都出台了相应的地方性规章。在地方政府层面，大多数市、县有专门的环保部门，有一些较大的镇也有，村一级组织没有专门的环保部门。地方政府的环保职能通常包括固体垃圾的收集与处理、园林修葺、土地使用控制、公园与城市绿地、水源地保护、水排污控制、下水道处理、空气污染控制、野生动植物保护、湿地保护、地方道路养护、街道照明、蚊虫控制、屠宰场污染处理等。

美国政府间的财权配置对于地方政府履行环保职能具有积极的激励意义。首先，地方政府有自己的财政收入来源，并且依法独立自主决定其开支。这可以保证地方政府能够有财政上的可能去保护环境。在实践中，保护环境的许多费用是来源于收税与收费，根据不同的类型收取不同的费用，如固体废物收集费用，下水道处理费用等。其次，地方政府承担的职能与其可供支配的财政资源是大致相匹配的，也即财权与事权对等。这使地方政府有可能的精力来保护环境。地方政府的主要职能以提供公共物品为主，而环境公共物品又是地方公众需要最基础、最广泛的一类公共物品，这就当然成为地方政府尽力提供的公共物品。最后，地方政府可以得到联邦政府与州政府的财政支持，这保证了地方政府会尽可能地去履行其环保职能。联邦政府与州政府的财政支持主要针对具有外溢性的公共物品，如大气污染控制、跨区域的水污染控制、自然资源保护等。这些公共物品既可以说是地方性的，也可以说是州和联邦政府的。因此，联邦政府与州政府的财政支持也大大帮助了地方政府更好地履行环保职能。

4. 充分利用经济调控手段

20世纪70年代末期，美国在《国家环境政策法》的催化下，制定了一系列旨在推动生态经济发展的能源政策。譬如在2004—2006年间，联邦政府每年拨款34亿美元给州政府用于旧家电回收以及鼓励购买节能新产品，而对于生产节能型家电的厂家以及购买此类家电的消费者，政府都将给予抵税优惠。在可再生能源领域，美国不仅拨款资助相关科研项目，还为利用可再生能源发电提供抵税优惠，并于2003年将其优惠额度提高，受惠范围扩大。而且为扩大可再生能源市场，国家要求政府部门带头使用新能源。

美国政府履行生态责任的特点是政府在充分重视与科学规划下，充分利用经济杠杆的调控，通过一系列的财税政策来支持其生态环境保护与可持续发展。以林业管理为例，美国农业部每5年都会集中国内专家，在对国内所有林区综合调查的基础上，制订生态管理规划，并以此实行目的管理。由联邦政府和州政府进行预算，采取政府购买生态效益，提供补偿资金的方式来作为达成目标的主要手段。

美国从20世纪80年代开始，把税收手段引入环保领域，主要征收包括损害臭氧的消费品的消费税、汽油税、与汽车使用的相关税费、主要针对石油资源征收的开采税以及固体废弃物处理税等。美国在生态税征收管理方面都执行得很严格，且现代化水平很高，制度完善。征收过程中的逃税、漏税现象很少，其税款也能保证用于环境保护方面。

（三）德国的实践经验：提升民族环保意识和重视经济手段的运用

作为第二次世界大战的战败国，战后的德国几乎一片废墟，发展经济成为德国政府的唯一目标，生态环境问题因此而被忽略。到20世纪70年代，德国的环境问题达到了顶点，德国政府开始重视生态治理问题，经过几十年的努力，德国的生态治理取得了卓越的成就，彻底扭转了环境恶化的局面，成为生态环境良好的国度，其治理经验可以概括为以下几点。

1. 提升全民族的生态环保意识

20世纪70年代，面对层出不穷的生态环境问题，德国民众的环保意识开始觉醒。在此过程中，政府发挥了决定性作用，通过舆论工具和各种途径来宣传生态环境保护的重要价值，使生态环境保护成为公民的普遍共识。

德国政府直接参与环境保护方面的教育事务，例如，举办各种生态环境保护讲座，资助环保出版物的出版和发行，普及环保知识和提供环保方面的咨询。政府还通过对民间团体的资助来积极推进环境保护事业的发展。联邦政府赞助传播媒介播放各种环保类节目，赞助各个社会团体举办保护环境方面的教育活动和会议。在德国，政府支持的节能知识咨询点就有300多个。政府高级官员举行研讨会，与广大群众共同探讨相关的环保问题，鼓励公众对政府、企

图4.2　德国蓝天使环保标志

图4.3　德国垃圾分类设施

业的环保工作进行监督。同时，德国政府非常注重改进国家教育水平和教育体系以提高国民环保意识，例如，在德国的小学，学生入学就会领到一本设计精美的环保记事本，让学生将生活中与环境保护有关的小事一一记录。学校从节能的角度控制灯光与供暖。这些细节在潜移默化中进入学生们的意识，并且促成其养成有利于资源节约与环境友好的生活习惯，有利于提升整个国家国民的生态环保意识。此外，在政府的充分引导和带动下，德国加入各种环保团体与自然保护协会的公民达400万之多，还有更多的市民将环境保护融入其日常生活之中。在这种社会文化下，新闻媒体也把生态治理与环境保护作为其工作的中心内容之一。

2. 以法律的形式确立生态责任的内容和方式

20世纪60年代，联邦德国制定了第一部环境保护法《保护空气清洁法》，随后又相继出台了《垃圾管理法》《环境规划法》《有害烟尘防治法》《水管理法》《自然保护法》《森林法》《渔业法》《循环经济法》等。其中《循环经济法》是德国目前鲜明体现生态环境保护理念的法律，它规定了废物的减量化、资源化和无害化的标准，同时不再把废物的处理作为一个单一的过程，而是当成人类世界整体循环中的一个步骤，因而成为体现人类可持续发展的法律。20世纪70年代，德国讨论将生态环境保护的内容写入宪法。90年代修改宪法的时候，生态环境保护的内容正式成为国家宪法的组成部分。德国政府实施生态环境保护战略的主要手段是通过立法，其生态环境立法涉及面极其广泛，包括经济、社会、能源、资源和生态等各个领域。

在德国，环境法律直接要求民众必须做什么和禁止做什么，直接进行行为调控。这种调控通常包括六种法律措施：报告和通告义务；禁令；附加规定；监控措施；要求；制裁。此六种方式每一种都有其相应的功能，从而确保了各种环境违法行为都会受到法律的监控和制裁。

3. 运用经济等多种手段进行环境保护

德国政府在履行生态责任时，积极运用各种经济手段推动生态环境保护。政府通过激发公民和企业的积极性，使之主动承担生态环保责任，推动环保事业的发展。具体而言，德国采取以下几种经济及其他手段来履行政府的生态责任。

第一，环保补贴。政府对采取生态环境保护措施的企业给予现金补贴或者税收上的优惠政策，如果企业建设环保项目，国家还在土地使用上给予一定优惠。

第二，环境捐税。对造成环境污染的企业和个人征收一定的费用。比如每个家庭都要缴纳一定的污水费、垃圾费等。通过这种方式，企业和个人为了减少开支，常常主动减少环境污染。

第三，特定环保项目进行投资。当企业或者个人无力承担大规模的环境保护设备或工程时，政府为了推动环境保护的实现，推广先进的环保技术和设备设施的运用，常常会对重要的环保项目进行投资，在此过程中，政府不仅实现了环境保护，而且推动了环保技术的运用。

（四）日本的实践经验：重视法律和完善环境管理机构

二战后，日本实行“赶超型”的经济发展战略，促使战后经济迅速复苏和高速增长，GDP总量跃居世界第二，创造了日本奇迹。然而，日本国土面积狭小，人口密度高，资源匮乏，过度追求经济发展速度，导致日本经济发展畸形，人口、资源和环境严重地阻碍了经济的进一步发展，震惊世界的公害事件也屡屡发生（如水俣病、富山疼痛病、四日市废气、米糠油四大事件）。20世纪六七十年代，严重的环境污染引发了日本民众严重的健康问题，使日本政府开始深刻地反思经济发展以环境污染为代价的错误做法。在此情形下，日本政府采取了一系列措施，并且取得了显著的成效。

1. 高度重视法律在环境保护中的作用

日本政府在履行生态责任的过程中，高度重视法律的作用。日本政府的环保事业与法律发展相伴，逐步形成了完善的法律体系。在强大的公众压力与经济持续发展的需求下，从1958年出台《公用水域水质保全法》和《工厂排水限制法》开始，日本以环境法制建设为重点，通过政府强制管理机制开始其政府的生态化嬗变。1970年召开的公害临时国会，制定与修改了14部有关公害治理的法律文件，明确了政府的环境责任，并基本形成了一套较为完备的环境法体系。随后，日本在1971年通过制定《环境厅设置法》成立了作为总理府外设机构的环境厅，用以主管规划、立案及推进环保政策，并综合调整相关行政机关的环境保全事物及环境法执行。1993年，日本制定了《环

图4.4 日本的垃圾分类设施

境基本法》，厘定了政府生态责任，例如，第5条指出“把推进国际合作保全地球环境作为目标”；第6条中授予地方公共团体“制定和实施符合国家有关环境保护政策的地方政策，以及其他适应本地方公共团体区域自然社会条件的政策和措施”；第12条规定政府应当每年向国会提交一份有关环境状况和政府采取的有关环境保护政策的报告等。此后，相继出台了《容器包装回收法》《环境影响评价法》《家电产品回收法》《推进形成循环型社会基本法》《促进资源有效利用法》《绿色购买法》《建筑废物回收法》《容器再利用法》《食品回收法》《汽车回收法》《化学物质综合管理法》和《家用电器利用法》等。通过长期努力，日本目前已经成为世界环境法律体系最完备，环境标准最严格的国家。

值得一提的是，从20世纪80年代末期开始，日本提出了“环境立国”，建立“循环型社会”的战略目标。根据《循环型社会形成推进基本法》定义，循环型社会即自然资源消耗、环境负担最小化的社会。在推进循环性社会建设的过程中，日本建立了完备、清晰的法律体系（图4.5），其法律条文也具有很强的操作性和实践意义。

2. 完备的环境管理机构

日本的环境监管机构，经历了从无到有、职能不断扩张、地位和作用日益提升的过程。在20世纪六七十年代，日本政府的环境保护职能分散在政府体系中的各个部门，使得环保职责混乱，政令不一，经常出现工作意见不同，各种环境难题无法解决等状况。1970年7月，日本成立了由首相领导的中央公害对策本部，作为临时性的应急机构，具体职能仍分散在各个部门，缺乏对环境问题的综合治理能力。而后，日本政府在1971年正式成立了环境厅。专门负责国家环境保护问题。在2001年，环境厅升格为环境省，职能是环境保护和污染防治，制定各项环境法规和政策，协调政府各个部门的关系，推动地方的环保事业发展。在环境厅升级为环境省后，其在政府部门中的地位也大大提高，其行政长官由原来的内阁大臣变为主要内阁大臣。同时，环境省的人员也不断增加，队伍不断壮大。升格后的环境省突出了如下工作：首先，从环境管理的角度，强化了与其他部门的协调与合作，以便于开展综合性的环境治理；其次，在全球化背景下强化职能和体制，在全球环境问题上积极开展国际合作，有效推进全球环境问题的解决。

此外，日本企业内部也有相应的环境管理机构，一方面企业根据法律建立

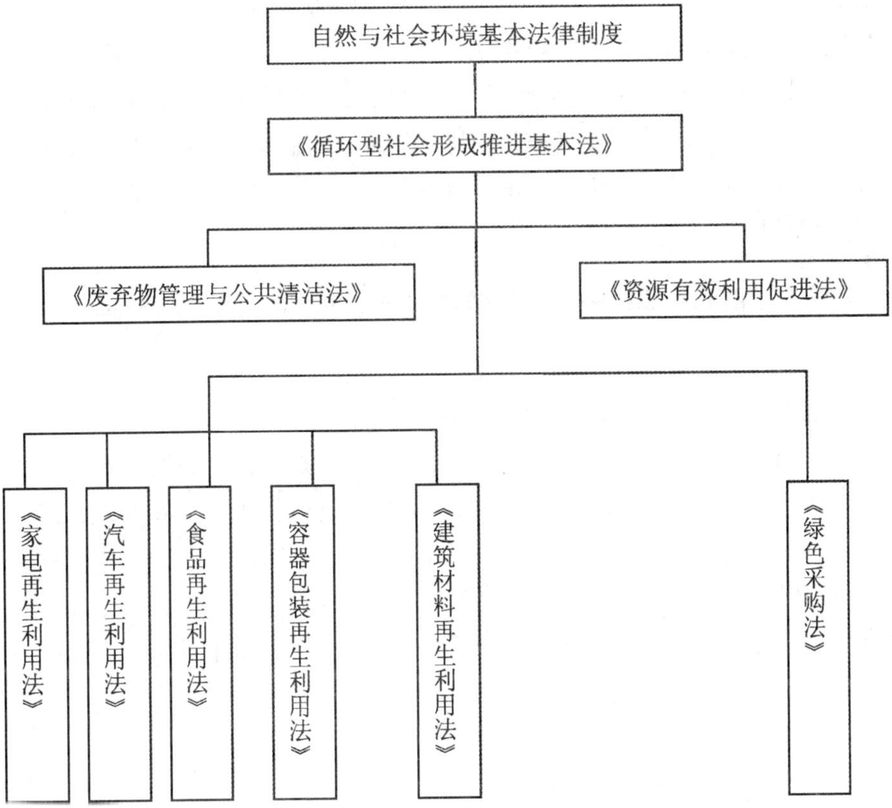

图4.5　日本循环型社会基本法律框架

（数据来源：诸大建.生态文明与绿色发展[M].上海：上海人民出版社，2008.38）

环境保护部门。另一方面，企业还设置了公害防治管理员。他们主要负责测定企业污染物的排放，负责污染处理设施，并将有关数据呈报政府部门。例如，“日本政府规定，员工在20人以上的工厂，都要设置防治污染的环境专职管理人员。排放烟尘在每小时4万立方米或者废水每小时1万立方米的企业，都必须设置主管污染的部门和负责人，解决企业的污染问题。他们如果失职，则会面临法律的惩罚，这有力地保证了企业环保措施的实施。

3. 完善环境投资体制

日本政府目前已经建立了比较成熟的环境投资体制，其对象包括了自然生态环境、工业污染等方面。随着日本生态环境保护事业的发展，日本的环保投资金额也与日俱增，1971年为1114亿日元，1980年增加到12030亿日元，10年增长了10倍多。在20世纪90年代中，环保投资仍增加了两倍多。近些年，日本环保投资大约占到了日本国民生产总值的1.5%~2%。在日本的环保投资中，政府和企业都具有举足轻重的作用，通常，政府负责环保基础设施的建设工作，企业除了负责自身的污染治理投资外，还要承担一部分公共污染治理设施的建设费用。

（五）巴西的实践经验：环保法律的完善和严格的自然保护区政策

巴西属于发展中国家，位于南美洲东南部地区，是拉丁美洲面积最大、人口最多的国家。巴西拥有拉美最完善的产业体系，经济实力位居拉美首位。历史上巴西曾经是一个单一的农业强国、矿产资源大国，20世纪初，巴西开始了工业化的进程。自50年代起，巴西推行“进口替代”发展模式，依靠大量外债获得了经济腾飞。1967至1974年间，创造了连续经济年增长率高达10%~11%的“巴西奇迹”。由于当时只注重经济指标的增长，再加上外债偿还的压力以及亚洲、俄罗斯经济危机的影响，其后的近20年时间内，巴西经济处于停滞、严重衰退和通货膨胀的状态中。同时，环境破坏、资源浪费现象也制约了巴西的经济增长，人均产值持续降低。

1. 对环保法律的重视和完善

巴西环境保护方面的法律比较健全，1965年联邦政府制定了《环境保护法》，规定了农场20%的土地不能开发，必须用于环境保护，其中亚马孙地区农牧场用于环境保护的面积达到80%。任何人不允许随意捕杀动物和砍伐保护区内的树木，一旦有违法将受到严厉的法律制裁。巴西各州议会也出台了相应的环境保护法规，如圣保罗州议会出台的《Riotiete河环境保护条例》、玛瑙斯州议会出台《亚马孙流域环境保护条例》等。

2. 严格的自然保护区政策

巴西拥有世界上最大的热带森林，面积约为44200万公顷，占国土面积的52.2%，约占世界森林总面积的10%。主要林区有亚马孙区、滨海林区和东南部及南部林区。为了保护丰富的热带雨林资源，联邦政府特设立了14个保护区，面积约5500万公顷，对热带雨林资源进行重点保护。巴西自然保护区面积已占到全国面积的15%，其中亚马孙地区超过80%，中部超过20%，沿海地区超过7%，有效限制人类对自然资源的无度利用。

亚马孙河是南美第一大河，也是世界上流域面积和流量最大的河流，位于赤道附近多雨地区，面积705万平方千米，有“世界动物园”和“世界氧气制造地”之称。为了保护这里的原始森林资源，1980年，联邦政府将亚马孙流域划分为14个保护区，其中Anavihanas和Bresolia为国家级生态保护站，其余12个保护区为州级保护区。巴西政府还出台了自然保护区动植物资源保护办法，每一个保护区都设有生态保护站，有专职管理人员、警卫对保护区内动植物资源进行保护。

附:（一）美国洛杉矶雾霾治理的实践经验

20世纪40年代，美国洛杉矶发生了严重的光化学烟雾事件。自1943年起，光化学烟雾总是笼罩在洛杉矶市区，严重地影响了城市的正常运转和居民的日常生活。洛杉矶政府及居民意识到这一生态问题的严重性，开始寻找其根源。加州理工学院的一名科学家通过分析空气中的成分发现，雾霾的罪魁祸首是汽车尾气。快速的城镇化使得大量的工厂和人口涌入洛杉矶，该市成为全美汽车数量最多的地区。洛杉矶在20世纪40年代拥有250万辆汽车，每天消耗1100吨汽油。另外，还有炼油厂、供油站等其他排放源。由于长期暴露在“光化学烟雾”的污染之下，许多市民的各种器官开始发生病变，甚至导致死亡。洛杉矶政府用了近30年的时间，采取了有效的行动，洛杉矶的空气质量得到了根本的好转。

洛杉矶的雾霾治理有三大利器：立法、科技和民众。政府作为主导力量，主要是通过严格的立法和执法，支持民众的环保运动以及鼓励和督促汽车行业进行科技创新来履行其生态责任的。

1. 联邦政府：加强立法和执法

在洛杉矶空气质量不断恶化的情况下，美国联邦政府将环境保护工作正式列为政府责任的中心之一，并且不断加强生态环境保护的立法和执法工作，设定严格的空气质量标准。1955年，美国政府正式出台了《空气污染控制法》，后来又加快立法步伐，相继制定了《空气污染控制法》（1960年），《清洁空气法》（1963年），《机动车空气污染控制法》（1965年）和《空气质量法》（1967年）等。随着《清洁空气法》修正案的出台，全国范围内空气质量标准的制定被提上日程，这一法律明确了将大气污染物划分为基准空气污染物和有害空气污染物的分类法，并历史性地首次利用法律条文界定空气污染物的组成，对于环境治理中空气污染源的确定具有重大意义。1971年，联邦政府又出台了《国家环境空气质量标准》。经过十多次的修订，在2006年，美国环保总局针对PM2.5具有了更加严格的检测标准和治理流程。国家环保总局将各地区的空气质量区分为达标和非达标，如果某一区域被界定为非达标地区，则其地方政府必须在三年内制定出相应的空气治污计划。以空气中的PM2.5为例，根据《清洁空气法》修正案的规定，如果某地区的PM2.5数值超过了排放标准，则该地区就必须制定针对PM2.5防治的实施计划。尤其是对该地区的新建项目，必须使用最先进的空气减污设备和最严格的技术，以确保新污染物排放量的减少。随着减排技术的不断提升，排放标准也随之越来越严格。通过多年的立法努力，美国政府在环保问题上逐步形成了比较健全和成熟的法律体系，环境保护工作也逐渐纳入了法制化轨道。同时，这些法律有效敦促了洛杉矶政府严格执行国家的空气标准，并以此来规范当地汽车和石油行业的生产行为，相关企业迫于国家法律的威慑而不得不采取新的环保技术，以减少污染物的排放，这就为洛杉矶雾霾治理提供了有效的法律支撑，同时也使政府环保职能的履行有了明确的法律依据。

2. 洛杉矶地方政府：严格执法和科技创新

1945年2月，洛杉矶县（在美国，县管辖市，市是基础地方。洛杉矶县管辖洛杉矶、长滩、格兰戴尔和圣克拉里塔等十个市）议会通过了禁止排放废气的法案，同时组建了空气污染治理监督办公室。但在实施过程中，只有洛杉矶市在同年采用了该废气限排法案，而其他城市却都在空气污染治理中无动于衷。1947年，洛杉矶县政府顶住了当地石油公司的强大压力，通过立法建立了洛杉矶空气污染控制区，即美国的第一个空气污染联合治理机构。该环保机构要求本区的工业企业必须申请获得废气排放许可证，并由此建立了地区废气排放许可体制。之后，加州南部的洛杉矶、奥兰治县、河边市和圣贝纳迪诺县四个郡联合组成了南加州空气质量管理局（AQMD），对洛杉矶及整个南加州地区进行大气治理。当然，在南加州约有四分之一的空气污染来自商业和住宅的固定污染源，其余四分之三则来自移动污染源，如汽车、卡车、公交车及轮船、火车等。而移动污染源的排放标准并非由AQMD这类地方机构协定，而是由加州空气资源委员会（CARB）和美国环保署（EPA）等州或联邦政府统一设定。此外，面对汽车尾气造成的空气污染，20世纪50年代，洛杉矶地区还成立了加州机动车污染控制局，该机构有权检测汽车尾气排放情况并核准排放控制装置。同时，洛杉矶所在的加州政府也出台了一系列地方法规，如《机动车污染控制法案》《加利福尼亚环境质量法案》等，这些法案通过采用低息贷款或资金补贴的方式鼓励市民购买清洁型汽车，对新型柴油汽车每辆给予8000美元补贴，督促汽车工厂提高机动车的燃油效率等措施来减少汽车尾气的排放量。

洛杉矶政府不断催促汽车生产商研发废气控制装置，到20世纪60年代末，催化式排气净化器的问世，真正解决了汽油燃烧不完全的问题。到1975年，经过各利益主体的博弈后，所有的汽车全部安装上该净化器，该项举措被视为治理洛杉矶雾霾的关键。与此同时，美国政府还不断敦促石油公司采用新技术，研究开发清洁的汽车燃料，用甲醇和天然气取代原来的汽油成品，降低汽车尾气的烟雾排放量。洛杉矶政府还不断地研发新的限污技术，要求该市出售的汽车必须是清洁型的。1994年后，更要求全部安装“行使诊断系统”，即时监测汽车尾气是否超标。同时，洛杉矶要求机动车的原料泵上装配橡皮套，套内的填充装置可以减少汽油蒸汽溢出而污染空气。可以看出，在洛杉矶城市生态问题解决的过程中，政府借助了科学技术的进步。

通过美国政府的多年努力，到1990年，洛杉矶的一级污染警报（非常不健康）的天数已经为零。时至今日，洛杉矶地区的空气质量仍然保持良好。

（二）巴西库里蒂巴生态城市建设经验

库里蒂巴是巴西南部的重要城市，是被联合国首批命名为“最适宜人居的城市”，有“世界生态之都”的美誉。然而这个城市曾一度受到空气污染、噪音污染、交通堵塞、垃圾围城等问题的严重困扰。经过多年治理，如今已经变成一座人与自然和谐相处的生态城市。其建设经验主要有以下几点。

1. 城市绿地可以放牧

库里蒂巴是世界上绿化最好的城市之一，人均绿地面积581平方米，是联合国推荐数的4倍。其绿化的独到之处是自然与人工复合，即使是在闹市的街边也耸立着不少参天大树。库里蒂巴的人工绿化注重树种的多样化配置，既考虑到城市美化的视觉效果，也考虑到野生动物的栖息与取食。全市大小公园有200多个，全部免费开放。库里蒂巴城市草地中，一部分是天然的，可以放牧，不怕踩踏，人工草地使用的也是生命力与适应力极强的乡土草种。这些草地都直接与公路和步行道相接，与城市建筑有机地融合在一起。

2. 不与河水争地

库里蒂巴位于两条大河之间，另有5条小河流经该市。在城市建立以后的

图4.6　巴西库里蒂巴的生态环境

两个多世纪，人与河和谐相处。但是到20世纪五六十年代，情况发生了变化，移民开始定居在河流泛滥的低洼平原上，人与河水争地，洪灾次数越来越多。市政府花费数百万美元建筑分洪工程亦无济于事。后来，市政府实施变抗洪斗争为保护河流的新战略，颁布了一系列严格保护河岸的法律，让人们迁出最高水位以下的居住地，将其变成沿江公园和分洪蓄池的湖泊湿地。每个湖泊现都已成为供人休闲的新建公园的核心。这种不与河争地，顺应自然的做法果然终止了洪灾。其费用也比传统的修筑堤坝和分洪抗洪减少很多。

3. 禁止铺设硬质路面

库里蒂巴政府禁止公园铺设硬质路面，公园里的步行道多为可渗水的土路。在有人集中的景区、景点，用来远眺的平台则使用架空的网状金属装置，可透光、透水、透风。所有这些措施既是为了保护自然系统的健康性和完整性，也是为了维护城市水资源循环，使雨水落下后能够在原地浸润。

4. 优先发展公共交通

库里蒂巴市区人口180万，拥有26个卫星城，汽车近100万辆，却没有交通和空气污染问题。因为该市优先发展与使用公共交通，尽量满足占城市居民大多数的中低收入者的出行需求。库里蒂巴是巴西除首都外，人均小汽车占有量最高的城市，平均2.6人有1辆小汽车。然而，库里蒂巴公共交通具有极大的诱惑力，许多有小汽车的人纷纷改乘安全、快捷的公共汽车出行。库里蒂巴的公共汽车是巴西最密集繁忙的交通系统，日平均输送190万人次，在繁忙的上下班时间，人们只需等45秒钟就可以乘上公共汽车，现在，市内75%的上班族都利用公共交通，这个比率在全世界所有的城市中是最高的，库里蒂巴成了巴西小汽车使用率最低的城市。与巴西其他城市相比，全市每年可节约700万加仑燃油，从而使城市空气更加清新。

5. 回收纸张再利用

库里蒂巴市排放垃圾不仅不收费，还可以用来换取食品。1989年，库里蒂巴市政府发起了名为“垃圾不是废物”的运动，动员全市各个家庭从垃圾中分离出可回收利用的物资，有家公司用绿色卡车每周三次进行路边回收，回收的垃圾分成五类，其中纸张、玻璃、罐头盒和塑料等可作为工业原料，而腐烂的蔬菜、水果等有机物则可用作农业肥料。库里蒂巴每日回收的纸张再利用，相当于少砍1200棵树。这种闭路循环的垃圾资源化系统，节约近一半的垃圾

图4.7　库里蒂巴优先发展公共交通

处理费用，而此前垃圾回收处理费是市政府预算中很大的一项开支。同时，填埋的废渣减少了，地下水被渗透污染的危险也减小了。

库里蒂巴市政府还资助了“垃圾购买项目”，市民可以用垃圾交换食物。在库里蒂巴市的各个居民社区，垃圾回收车每周来2次，都是两辆车同行，前辆车回收“垃圾”，后辆车分发食品。2千克回收物资可换1千克食品，也可以兑换公共汽车票、练习簿或者圣诞玩具等。这种垃圾购买活动满足了市民的日常生活需求，而所提供的大米、土豆、洋葱、橙子、大蒜、鸡蛋、香蕉和蜂蜜等则是购买当地农民季节性剩余产品，所以增加了农民的收入。

6. 城市贫困和交通拥堵捆绑在一起处理

库里蒂巴在50年前曾经被很多生态环境问题困扰：交通拥堵、空气污浊和社区衰败等。1971年，建筑师盖莫·勒那被推选为市长，他将建筑的理念融入库里蒂巴城市的建设之中，用全新的理念对城市进行了大胆的革新。勒那认为，城市交通拥堵和贫困问题有很多相通之处，故将其二者捆绑在一起，一同处理。他认为，城市交通不仅是一种载人的方式，更是导致土地作用和调整经济增长的因素，城市的交通发展决定城市的发展。勒那不是大规模地征用土地去修路，而是改修现有路面，建立起高速运转的交通系统。勒那抢在土地开发前面，让政府购置了一些交通即将方便的黄金地段，发展经济，解决日益增长的人口与就业问题。1975年，政府购置了西部的一块6.18平方千米的土地，作为库里蒂巴的工业区。随后引进了500多家无污染的工业企业，同时，政府又在工业区附近给低收入者建立住房、学校、医院、购物、娱乐和体育等基础设施。工人居住区靠近工厂，与圣保罗的工人相比，这里的工人每周可节约20小时的上下班往返时间。解决城市贫困问题的同时也解决了城市交通拥堵的问题。

二、国外政府履行生态责任的实践经验对我国的启示

国外政府积极履行生态责任使本国的生态环境问题得到了妥善的解决，其经验给我国政府带来了许多启示，主要有以下几点。

（一）明确政府生态环保职责

国外政府非常重视自身的环保职责，积极主动发挥政府的主观能动性是解决城市化进程中生态问题的主导力量，是城市化进程中生态责任的主要承

担者，承担着规划城镇发展、制定相关城镇生态制度和提供城镇生态公共产品等很多职责。在城市化进程中，生态环境问题与城市未来的经济、政治和社会等问题交织在一起，尤为错综复杂，影响甚至决定了城市的发展前景。因为，生态环境问题具有很强的外部性，无法通过市场价格反映出来。所以，在解决城镇化进程中的生态环境问题时，只能由具有公共性和权威性的政府作为主导力量。

不管是在国内还是在国外，履行环保职责的政府都包括中央政府和地方政府两个级别。地方政府与中央政府是建立在地方利益双重性(一致性和相对独立性)的基础之上的。地方与中央的根本利益具有一致性，都是为了经济发展，实现城市可持续发展，改善生活环境质量，促进社会进步。中央政府可以站在战略高度，全面把握国际、国内城市发展规律，统筹城市经济与社会发展、人与自然和谐发展以及城市发展的眼前利益与长远利益，制定具有科学性、宏观性、前瞻性、约束性和全局性的城市发展规划。地方政府依据各地区的自然禀赋、地理位置和经济发展程度等因素，因地制宜地确定城市发展目标，探索城市具体发展路径。根据地方的具体实际情况，完成中央政府下达的计划，协助中央实现发展战略，引导城市化走生态文明的道路，实现城市可持续发展。此外，中央政府和地方政府的配合也很重要，对于生态责任的落实要分工明确，无缝衔接。

（二）高度重视城市生态环保规划

城市发展规划是解决城镇化进程中生态问题必不可少的前提和基础，涉及城市发展的未来。国外尤其是西方发达国家非常重视城市生态环保规划，重视通过制定城市发展规划，明确未来城市的重点任务，优化城市布局，引导城市建设，预估城市资源、能源使用数量与发展方式以及确立城镇生态目标。城镇规划涉及经济、政治、社会、文化和生态等各个方面，具有综合性、总体性和长期性，直接决定着城镇未来的生态环境质量，是实现城镇可持续发展的重要手段。在城镇发展规划中，为了克服其外部性，必须由作为公共权力部门的政府作为城镇规划的主导力量。

借鉴国外城市生态环保规划的经验，我国政府应制定科学合理的城市发展路径，引导城市的健康、合理和持续发展是政府在城市规划中履行生态责任的基本方式和基本内容。只有明确城市未来发展方式方法、路径和方向等才能明确并避免城市未来可能出现的生态环境问题。一方面，合理占用与利用土地，由政府控制土地占用面积，规划城市用地方向，确保新增城市用地被合理使用，构建合理利用土地的方式。另一方面，合理规划城市产业发展，政府必须合理调整产业结构，从传统的资源消耗型、环境污染型城镇产业发展模式转向资源节约型、环境友好型产业发展模式。

（三）建立并严格执行完备的环保法律法规

建立完备有效的法律体系作为其生态行政的坚实后盾是各国政府履行生态责任共同的经验，可见完善法律体系对于生态环境问题解决的重要性是不言而喻的。总结各国经验，有以下几点值得我国政府借鉴。

第一，制定一套系统、全面的法律法规。政府在制定法律法规的时候，不能仅仅限于生态环境法，应该以生态环保思想为指导，建立一整套法律法规，涉及社会发展的每一个方面，使得政府在各项具体的社会经济发展和生态管理工作中都有法可依。

第二，法律条文中应明确界定政府的生态责任。纵观国外经验，各国通常会在其环保立法之肇始即确立政府的生态责任，通过法律条款来界定政府所需要承担起的生态责任内容，以及生态失责的惩罚措施。

第三，立法时注意法律条款的可操作性。从立法的角度而言，国外政府在正式立法之前应该做好充分的社会调查，根据实际情况，确立可行性的法律法规。地方政府还要因地制宜地制定地方性法律法规，保证法律确实应用于现实的生态环境问题之中，为生态环境保护提供必要的支撑。

（四）综合利用各种环境经济手段

经济发展中所产生的负外部性效应是生态问题产生的根源，国外政府在解决生态环境问题时抓住了“解铃还须系铃人”的基本规律，充分、有效地利用经济手段，来调节各经济主体行为，使其外部性内化而达到其履行生态责任的目的。西方各国由于市场经济发展时间较长，政府在履行生态责任中的经济手段也较为成熟，主要有以下两点可供我国政府借鉴。

1. 建立和完善市场规则

国外政府承担了治理环境问题的主要责任，角色定位明确，设置合理，职责明晰。对这种政府的主导作用，世界银行将其总结为“经济靠市场，环保靠政府”，成为《1992年世界发展报告》的重要主题之一，并被许多国家接受和采纳。“经济靠市场，环境靠政府”的经济学意义在于明确了政府与市场的分工，强调政府是环境公共产品的提供者，政府要承担起弥补市场失灵的责任。在市场经济体制下，政府在环境管理体制中的地位必须得到加强。政府要积极建立市场规则，维护市场秩序，通过政府的绿色采购，为绿色产品创造市场需求。

2. 充分利用税收政策

纵观国外政府履行生态责任的成功经验，多数都进行了绿色税收的改革，通过多角度的经济刺激，如财政补贴、鼓励性抵税和排污权交易等。国外政府通过税收杠杆来约束生产者、消费者的环境污染和资源浪费行为。诸如征收生态税、二氧化碳税、能源税、机动车辆税和垃圾税等。

更值得注意与借鉴的是，这些国家所征收的生态税通常都直接用于对污染的治理、环保新技术的研发、社会保障支出等公共领域，这样不仅使税收能进一步有效改善生态环境，还加强了公众对此新税种的接受程度。所以，国外所征收的生态税一般都是在一套科学的制度下运转。

（五）完善环境管理机构及职能

第一，建立健全中央到地方的环境保护机制，充分发挥政府的主导作用，设置跨部门的环境管理协调机构。很多国家都在中央的指导下，根据国家的公害对策和环境标准，制定了比国家标准更为严格的地方标准。在地方政府严格管理下，并配备了专职人员从事环境保护工作。随之而来，各地区、和部门、各领域紧密配合。国外的许多实践证明，这种跨部门、高规格的环境管理协调机构的设置对环境保护事务的有效开展有着不可估量的重要作用。

第二，设置跨区域的环境管理机构，提高环境保护机构的地位。很多海洋环境污染、酸雨污染，以及由城镇化高速发展带来的负面效果，如流域水体污染、生物多样性减少等环境问题，又具有很强的地域性，解决这类问题的根本途径是设置相应有力的跨区域机构，许多国家把这些机构一般作为环境管理主管部门的派出机构或直属机构，人员编制属于环境管理主管部门。

（六）大力发展绿色科技

1. 加大对绿色科技的开发力度

国外尤其是西方发达国家的政府非常重视绿色科技的开发，很多国家的政府每年都会发放专项资金用于开发绿色科技，且在有些国家该项资金在政府支出中所占的比重非常大。此外，国外还有专门针对业绩优秀的绿色技术开发者的奖励措施，对他们进行物质和精神名誉上的国家或地方政府奖励。这些做法无疑推动了绿色技术的快速发展，同时也为世界环境保护贡献了力量。基于此，我国政府也应设立专项开发资金和采取相应奖项措施，鼓励科研人员对绿色技术的开发。

2. 重视绿色科技的应用

国外政府非常重视现代科技在生态治理中的应用，例如，完善生态环境动态监测网络，应用遥感、地理信息系统、卫星定位系统等技术，建设包括生物资源、农业资源、环境质量、水土保持、河道水质、地质环境、气象等内容的生态环境动态监测网络，建设环境资源数据库，实现完善灾害预报预警系统，主要包括暴雨、冰雹等灾害性天气，以及酸雨、地质灾害、环境污染事故和突发性植物病虫害等预报预警系统和快速反应系统，增加预警和防范准备时间，避免和减少各类灾害造成的损失。

（七）加强生态环保宣传教育　提高公众环保意识

1. 充分发挥学校的教育功能

学校是教育学生培养和树立积极、正确的价值观的地方，国外政府非常重视学校对生态环保思想的宣传教育作用，包括日本、美国在内的很多西方发达国家在学校都开设环境课程，通过介绍一些环境思想和环境保护的常识，并带领学生到社会中进行环保实践来使学生树立积极的环境观，并提高环境保护的能力。也有一些国家把生态环保教育作为德育的一项重要内容来抓，旨在提高学生的生态道德，以在将来走向社会后做坚定的环保主义者。

2. 充分发挥社会组织的作用

为了让公民，尤其是青年人自觉提高生态环保意识，很多国外政府成立了保护生态青年组织，积极宣传生态环境保护的思想。例如，1988年成立于比利时，由法国、英国、比利时、葡萄牙、西班牙和瑞典等西欧国家的保护生态青年组织成立，其宗旨是联合欧洲的力量把各国保护生态的青年组织起来，促进西欧青年对自然环境的重视，鼓励进行生态研究并促进西欧青年的相互了解。社会组织发挥的生态环保作用，是对政府生态责任的重要补充。

第五章

城镇化进程中加强政府履行生态责任的对策

本章着重介绍城镇化进程中加强政府履行生态责任的对策。从强化政府生态责任意识、科学规划城镇化发展路径、建立相关制度、运用多种手段和加强多种合作等几个方面来论述城镇化进程中加强政府生态责任的对策。这几方面是相辅相成、融会贯通的，共同构成了城镇化进程中政府履行生态责任的途径。

一、强化政府在城镇化进程中的生态责任意识

政府作为公共权力机关，既是城镇化发展的主导者，又是生态环境治理的主导者，因而，必然是城镇化进程中生态责任的主要承担者。在城镇化进程中，政府要先明确自己的地位，强化自身的生态责任意识，才能履行好自己应承担的生态责任。

（一）强化城镇化进程中的生态环保意识

美国著名的规划学家刘易斯·芒德福在《城市发展史：起源、演变和前景》中对理想城市概念作了阐述，“所谓理想的城市就是把城市的活力带到农村，而把农村优美的环境，田园般的生活带到城市里来”。建设“绿色城镇”应该是我国政府在城镇化进程中应承担的责任和追求的目标。政府作为推进城镇化过程中生态文明的建设者，要把优化农村生态环境和农村人居环境作为明确的目标导向。

首先，城镇化建设要以生态理念为指导。当前我国政府最重要的是要树立生态执政理念，将生态文明观念纳入到执政方针、政策之中，确立科学的、合理的、生态自然所能承受的经济发展与社会发展目标。所谓生态执政理念就是指以生态价值观为指导的行政理念，生态价值观也被称之为环境价值观，是指人们在对待环境问题上所持有的观点与态度。生态价值观的出现是源于当前环境生态危机所引发的，是对工业文明以来的发展现状和未来的反思与批判，是当前人类对于工业社会价值观的扬弃与超越，政府应将上述观念融入城镇化建设的全过程。政府要明确城镇化的发展不仅是经济的发展城镇面积的增加，更是社会全面协调的发展，良好的生态是实现科学发展观的自然基石。政府应将科学发展观、和谐社会以及生态文明、可持续发展理念作为城镇化建设的指导思想。

政府首先应顺应形势，逐步从经济社会生活的直接干预者转向社会进步经

济发展以及人与自然和谐相处的宏观引导者和调控者，作为社会管理和生态主要负责者，当经济发展与自然环境系统发生冲突的时候，应当坚持生态优先的价值取向，这是城镇化进程中政府履行生态责任的基本要件。

城镇化进程中，政府还要坚持以人文本。马克思曾经指出：人是一切社会关系的总和。城镇化进程中政府的生态理念首先体现为以人为本。而健康权是人的最基本权力，只有明确了生态可持续的观点，建设可持续的健康的生态城镇才能提升公众的生活质量，改善公众的生活环境，有效地保障人类自身的健康，满足人们日常的生态需求。此外，政府还要把握目前比较热门的新型城镇化、智慧型城镇、低碳城镇、生态城镇、紧凑型城镇等新的、符合生态文明建设要求的城镇建设类型，及时更新对城镇化的思想观念和对城镇化的认识，以新的、适宜时代发展、融会生态文明建设的城镇建设思想指导城镇化发展。

其次，中央政府以行政命令的形式将生态文明思想贯穿于城镇化建设之中。面对我国城镇化进程中日益严重的生态环境问题，政府官员必须提升环境保护意识。通过中央文件的方式建立起一套经济与环境保护相协调的政府决策机制，影响地方政府的决策，从而减少甚至杜绝整个决策失误所带来的生态环境破坏，实现城镇化的持续发展。地方政府应在中央政府的指导下积极转变职能，努力构建以生态优先为根本价值取向，以生态管理为基本职能的生态型政府，使各级干部由原来主要关心城镇经济增长速度变为全面关心经济、资源、环境、社会、民生的可持续发展。

第三，加强政府官员生态教育与观念普及。对政府官员生态教育活动的展开可以依托政府的内部干部培训、发放通告或者工作简报等方式，通过环境保护相关理论和知识的传播，使地方官员认识到环境保护工作的重要性，培养他们的生态环保理念，树立起生态危机意识，从而改变地方政府传统的“经济至上”的发展观，发挥在城镇化中生态治理的主体地位，实现地区的绿色发展。

此外，还要加强公务员队伍建设，提升行政人员的综合素质。依法加强对公务员的教育、管理和监督，要采取多种切实有效的措施，突出增强行政人员的理论素养、行政素养、责任意识、行政人格和执法水平。政府还要通过定期的人员培训，将城镇化的科学内涵和生态文明建设理念融入公务人员的思维中，使其指导实际城镇化建设工作。

（二）明确政府在城镇化进程中履行生态责任的内容

政府应该承担哪些生态责任？政府只有先解答此问题，弄清楚自己要承担哪些责任，才能很好地去履行自己的责任。《中华人民共和国环境保护法》明确指出，保护生态环境是各级人民政府的基本任务之一。在城镇化进程中，政府主要有以下生态责任。

第一，政府对自然的生态责任。自然是人类生存和生活的最基本场所，也是城镇化发展的重要依托（城镇化发展离不开土地的占用、自然资源和矿产资源的消耗）。它是广义上的公共物品，是城镇化发展乃至整个人类社会发展的基础。政府在城镇化进程中要对自然的消耗承担相应的责任，充分考虑到自然环境的生态价值，科学开发、合理利用、提高效益、节约资源，承担起促进人与自然共生共荣、和谐发展这一责任。

第二，政府对市场的生态责任。在市场经济条件下，城镇化的发展很大程度上也体现于商品经济的迅速发展。而市场是生态链条中的关键而又薄弱的环节，表现为市场的外部性失灵。政府作为城镇化进程中生态责任的承担主体，应及时介入市场经济活动，充当公益角色，必须要让市场相关主体付出破坏生态环境的代价并承担相应责任。

第三，政府对公众的生态责任。城镇化的本质是“人的城镇化”，因而，城镇化进程中政府的生态责任自然少不了对“人”的生态责任。政府对人的生态责任包括对人民生态环保思想的普及和对人民生活环境的责任。确保人民生活在自然环境优美的社会中，促使人们有着较高的生态环保觉悟。

此外，政府在城镇化进程中的生态责任还包括生态法律责任、生态伦理责任、生态经济责任、生态自律责任、协调中央政府与地方政府之间的生态责任和将生态责任具体化等多种生态责任。在城镇化进程中，政府要根据具体的实际变化，切实将应承担的生态责任落实到城镇建设之中。

二、对城镇化发展进行科学规划与引导

城镇发展规划是解决城镇化进程中生态问题必不可少的前提和基础，是城镇化沿着科学方向发展的重要保障。通过制定城镇发展规划，可以明确未来城镇的重点任务，优化城镇布局，引导城镇建设，预估城镇资源、能源使用数量

和发展方式等。政府通过制定科学合理的城镇发展路径，引导城镇的健康、合理和持续发展，是其履行生态责任的重要途径。

（一）规划与引导城镇化发展的基本原则

1. 刚性与弹性相结合原则

城镇规划要求刚性与弹性的有机结合，所谓刚性就是要突出对不可再生资源的保护。对此，我们拟订了“四线”，即绿线、紫线、蓝线和黄线。在城镇化建设中，此“四线”是不可动摇的，因此，政府在制定城镇发展规划时，坚决不能触碰“四线”底线。

绿线——管制城市绿地系统。城市绿地系统规划一经确定，绝对不能突破。绿地系统是构成城市良好空间形态的主要元素，也是城市最主要的生态资源，必须严格保护。

紫线——管制城市历史文化街区、文化遗产。城市历史文化和人文古迹是城市发展的聚宝盆。古城的历史风貌和特殊的建筑形态吸引着众多海内外游客，是城市GDP的重要来源，有利于城镇化的发展、旅游产业的发展和生态文明的建设。

蓝线——管制城市江、河、湖、海、渠等水系。城市水系对城市的发展非

图5.1　城镇绿地系统

图5.2 城市历史风貌的保留

常重要。城市河道具有防洪排涝、保护生态多样性、净化城市水体、城市形象的主要载体、调节小气候的有效方法、城市历史文化的集中区域和城市最为珍贵的公共空间等六大功能。充分利用和发挥水系的这些功能就要用蓝线来强制性控制和保护。

黄线——管制城市主要公共基础设施布局。如高速公路、地铁所经的区域都要通过黄线予以管制。通过黄线管制，既要控制公共基础设施的布局走向，又要使其所产生的增值收益归政府和全体市民所有。

所谓弹性，就是要求规划对具有不确定因素的未来有足够的适应性，对不同的开发项目有一定的宽容度。可以根据实际情况，适时进行调整。

2. 因地制宜，保护特色原则

特色是城镇的灵魂和持续发展的不竭动力。在城镇规划和建设中，要真正把历史性和现实、时代性和传统性有机结合起来。保持城市的时代风貌、传统优势和地方特色。以特色提升城镇质量，以特色凝聚城镇发展之魂，展现城镇独有魅力，为城镇发展提供不竭动力。

第一，科学定位，明确特色。城镇特色，是一个城镇在历史发展进程中，依托自身自然和人文优势，逐渐形成的区别于其他城镇的个性特征，它包括地貌地形、自然资源、城镇性质、经济特征、历史文化、民俗风情等城镇内涵及其外在表现。加强城镇特色建设，首先应该对城镇特色做出科学定位。两院院士吴良镛先生提出，对于城镇特色美要“善于‘识璞’，因材就势”；“继往开来，赓续创造”；“借鉴外来，发展自己”。

第二，加强保护，突出特色。一个城镇形成自身特色极不容易，中国工程院院士孟兆祯就此指出，“当前城市景观的主要症结点是人工化太强，生趣不足”。“要以素药艳，令人工之美入自然，清幽之趣药浓丽。”同时，要从软环境到硬措施等各个方面加以保护。必须要加强特色保护的规划工作。对所有与城镇特色紧密相关的有形和无形的建筑、文化等，都要在规划和立法中给予明确保护。

第三，重视延伸，弘扬特色。在城镇化建设过程中，也要与时俱进，不断挖掘城镇特色的丰富内涵和多重价值。正如上海同济城镇规划设计研究院院长周俭所说：“历史文化风貌区是城市发展的一项独特的资源，保护风貌区的最终目的是为了风貌区本身以及整个城市的持续发展。”强化城镇特色与城镇工

图5.3 城镇化进程中对城镇水系的保护

业的关联，可以利用城镇特色促进工业产品和品牌的塑造，扩大影响，形成增殖效应和链条效应。强化城镇特色与旅游休闲产业的联系，可以提高旅游作为城镇无烟产业的带动力。

3. 长期规划与短期规划相结合原则

城镇化是一项长期艰巨的任务，不是一朝一夕能完成的。这就需要管理者从实际出发，根据当地的发展状况制定长期合理的规划。要充分注重生态环境的承受力，强化城镇生态环境规划，坚持走可持续发展的道路。尽快编制或修改中央和地方的城镇生态环境建设规划纲要，强化生态规划的社会作用，提升生态规划的社会地位，强化城镇总体规划的生态观念，确立有利于城镇生态系统平衡的总体布局模式和土地利用格局。同时，还要积极制定短期规划，突出重点，量力而行。有步骤地对污染比较严重的城镇进行生态环境的综合治理和建设，设法增强其生态功能，改变其生态脆弱状况，使城镇经济功能与生态功能保持平衡。此外，政府还要制定全局规划和局部规划相结合。中央政府制定面向全国城镇化的发展规划、总体路径和总体目标，地方政府依据其现实情况，制定适宜本地区发展的城镇建设规划，做到全面和重点相结合，把握主流的同时也要抓住重点。

图5.4　城镇化进程中要弘扬城镇特色

4. 合理布局大中小城市的协调发展原则

政府在城镇化规划时要从限制大城市的扩张转向引导大、中、小各类城市协调发展。我国历来控制大城市的发展，《城市规划法》中明确规定严格限制大城市，鼓励发展中小城市。而事实上，不同规模的城市组成了有机统一的、功能互补的城市网络体系，大城市是接受和辐射全球的跳板，中等城市是区域经济的领头羊（我国规定100万以上人口就是大城市，这里的中等城市指的是100万人口以下的城市），小城市和集镇是服务于周边村庄的经济中心，互相之间是不能代替的。政府要根据不同类型城镇的特殊功能，结合中国城镇化发展实际情况，合理引导各类城镇协调发展。

（二）高度重视并发挥专业人才在规划中的积极作用

城镇的合理规划是协调城镇经济发展与资源环境之间的调控手段，主要特点是高度错综复杂性，含有某些不确定和多种价值观的存在。在理性的城镇规划中，专家咨询是政府经常采用的一种有效方法。因此，在制定城镇发展规划时，邀请有关领域具有一定权威的专家进行咨询，通过政策研究人员与主要领域的专家级和技术型管理者的理论、信息、经验交流，对不同价值观、不同视角和评判标准进行讨论，最终确定最合理的规划方案，可使政策本身的错综复杂性和不确定性得到较好的解决，从而使城镇化沿着科学、可持续的方向发展。

在政府人员招聘的过程中，要不断充实政府官员中的专业人才。要积极培养政府多层次、专业化、复合型的绿色人才，这是落实政府生态责任的重要前提条件，为政府治理环境污染、改善生态环境等发挥重要作用。我国的科研院所应主动发挥人才培养阵地作用，高校各类各级相关院所应主动承担绿色人才培养工作，在课程设置、人才培养、实践能力等方面加强绿色人才培养工作。在政府官员的招纳中，要不断扩充拥有计算机技术、现代通信技术、数学分析技术、生物科技技术和城镇规划技术等人才。确保政府官员中拥有关于城镇化建设和生态文明建设的专业知识。

此外，制定城镇发展规划时要建立科学的咨询队伍。由具有代表性、权威性的专家、学者和拥有政策执行管理经验的技术型领导干部组成的咨询队伍不仅是互补性很强的智力合成队伍，而且都站在政策研究编制者之外的客观立场，从而保证了咨询意见的科学性和整体性，为进一步向政策决策者提出准确的决策依据创造了有利条件。城镇规划的科学化还有赖于专家系统自身信誉的不断提升。这就要求专家系统承担更多的公共责任，加强自律，与权力和市场化的利益纽带更彻底地分离开来，从而真正做到专家意见的客观中立，而不是领导意见的辩护和注解。

同时，在更加精细的专业化分工基础上，加强更多不同学科领域之间专家系统的合作，从而摆脱狭窄的学科视野和专业壁垒给决策者带来的“理性盲目”，从实质上帮助提升政府城镇规划的科学化水平。我们可以借鉴国外的国家规划师制度。向每一座城市派驻一名国家规划师，凡与生态环境保护相关的所有项目，必须经该规划师签字同意方可动工建设。如果规划师的意见与省长、市长发生矛盾，应提交上一级的规划委员会或建设部审定。

（三）制定并遵循规范的规划程序

城镇规划的决策过程是一个严格、缜密的过程（图5.5）。规划认定与规划目标的确立，要在充分调查的基础上，根据生态环境问题的实质和表现形式及其成因，有针对性、切合实际地制定解决问题的方案。在拟定决策方案时，应紧扣环境规划的目标，特别是通过建立和实行公众听证、专家咨询和决策论证机制，规划多种可行性方案。在制定规划时，对各种拟订方案进行预测性评估和可行性评估，制定出最优化的规划。在规划执行前，政府要按照法律、法规的规定，通过向社会公开表明自己的职责范围、规划目标、规划内容、规划程序和惩戒方法，做到规划公示，以提高规划的效率和质量，提高规划的透明度，并报请主管部门审核批准。在规划执行过程中，对执行客体要进一步了解和对规划进行反馈修正，随时捕捉情况的变化，采取应变措施，及时处理和解决执行过程中出现的各种问题。在规划执行之后，要及时反馈规划实施的效果和结果，并尽可能地对规划进行复议，即对于政府规划方案执行后但又未完全终结时，对其进行跟踪评估。这其中包括对规划进行再次审核和监督，重新复议等活动。一些重要的环境规划，必须实行集体决策。实行集体决策可以大范围地沟通和汇总多种与规划相关的信息，增加信息渠道，全面掌握情况。可以使决策成员多角度地研究和分析问题，在一起交流讨论，提出创造性的见解，可以更好地贯彻民主集中制原则，体现决策的民主化和科学化，增强规划的有效性。因此，在认定目标、方案拟订、方案评估到规划制定的整个过程中，集体规划成员都应充分发表自己的意见和建议。

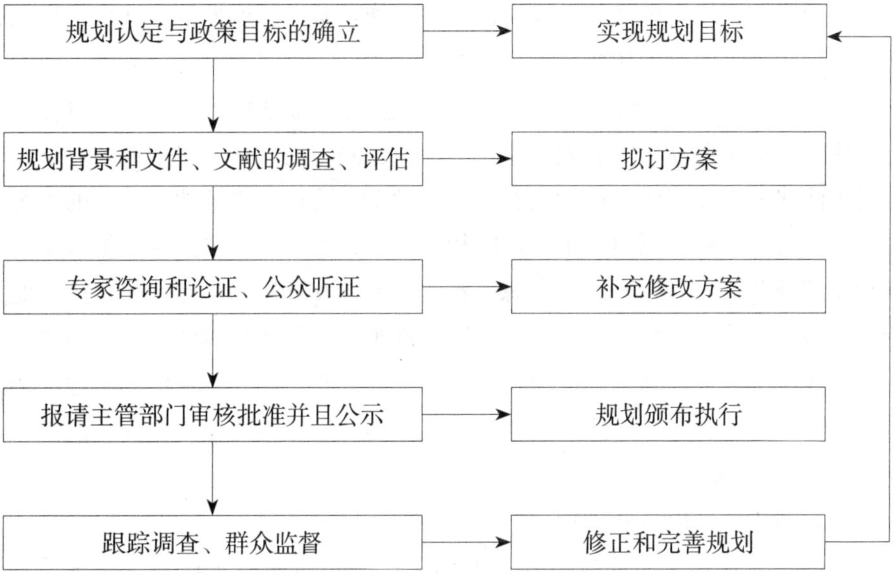

图5.5　城镇规划规范决策基本程序

（数据来源：杨乐启.当代中国生态文明建设中政府环境治理研究[D].重庆：重庆师范大学，2014.90）

三、完善政府履行生态责任的相关制度

（一）完善与生态环保相关的法律法规

健全和完善生态法律制度，不仅是当今生态文明的重要标志，更是生态环境保护的重要支撑。政府既要制定生态责任法，规定自身的法定责任，约束自己在城镇化进程中的行为规范，用法律、法规来保证自己积极履行生态责任；又要制定其他相关的生态环境保护法，保证整个城镇化进程中政府履行生态责任时有法可依，规范进行。

1. 完善生态立法工作机制

立法工作机制是法律制定科学化的基本保障，生态法制建设要注重源头控制，完善生态立法工作机制，将生态文明建设纳入法治化轨道。首先，要积极推进科学立法、民主立法，保障生态立法的科学性和先进性。在生态法律的起草过程中，立法部门要通过各种渠道听取各方面的意见和建议，吸纳专家学者、新闻媒体和社会公众的参与，保证立法能够最大限度地符合社会的生态利益和公共意志。同时，还要注重对立法技术和立法程序的创新与完善，使生态立法体现科学性和可行性。其次，要逐步建立生态立法的评估机制，以完善生态立法、推动生态立法的有效性为目的，对已制定的法律开展定期的评估，及时发现法律和制度漏洞，推动生态法制的健全。再次，规范地方政府的生态立法行为。地方政府在制定与生态文明相关的法律法规时，要严格依据国家的法律和制度规范，同时结合地方生态、资源、能源和环境的实际状况，体现地方特色。最后，我国的生态立法要尊重国际准则和国际通行做法。在生态立法过程中，我国政府要加强国际交流与国际合作，要在国际相关条约和法律框架内操作立法，体现我国生态法的全球适用性，为政府在生态文明方面开展国际合作扫除障碍。

2. 充实生态环境立法内容

第一，以法律形式明确政府在城镇化进程中所需要履行的生态责任。首先，完善我国环境保护法和相关法律，明确政府的职能定位和目标，保证政府在环境保护方面的总负责人的地位。在环境保护法和其他相关政府组织法律中明确规定政府的环境保护职能和责任，做到权责统一。其次，明确政府行政首脑区域环境保护与管理第一责任人的地位，全面统筹本区域的环境行政管理工作。把对当地环境的保护、资源的合理利用和严格执行相关环境法律法规等作为重要的衡量因素。立法明确政府主要领导的环境保护责任，把区域内的环境保护纳入政府领导任期内的重要目标，使他们不仅能做决定，还要能担责任，保证他们能够领导区域经济和环境的协调发展。再次，通过立法，提高环境行政管理机关的地位，使他们真正能够担起环境综合管理和保护的责任。通过立法，提高环境部门在政府内部特别是地方政府内部的地位，使环境行政管理机关不再仅仅拥有被动的执行权，而且还拥有主动的决策权，这才是扭转当前我国环境行政机关不作为的关键之举。

第二，进一步加强有关环境资源保护的立法。制定统一的《自然资源保护法》。我国从20世纪80年代以来颁布了几部自然资源的法律，包括《水法》《土地管理法》《森林法》《草原法》《矿产资源法》《渔业法》和《野生动物保护法》等，这些法律比较单一和分散，已无法满足我国可持续发展的需要，因而迫切需要制定一部综合性的自然资源管理的法律，以广泛、全面地对自然资源和自然生态环境进行保护。《自然资源保护法》应修正计划经济体制下的自然资源无偿使用的做法，以社会主义市场经济的思路对资源进行合理配置，以经济手段的法律化来管理自然资源，做到经济发展和自然资源开发保护同时进行。主要内容应包括：制定《自然资源保护法》的目的、《自然资源保护法》的基本原则、自然资源的所有权和使用权、自然资源的管理主体及管理体制、自然资源的开发利用和补救、自然资源的保护、自然资源与生态环境保护、自然资源有偿利用及收费制度、自然资源税、保护自然资源的教育以及违反《自然资源保护法》的法律责任等。制定《环境保护投资法》、《环境污染税法》《循环经济法》《资源循环利用法》《循环经济企业投融资法》等相关法律法规。在市场经济体制下，保证国家对环境与资源的保护进行有效的宏观调控和促进环保产业快速、生态化发展。

3. 修改有关生态环保的法律法规

第一，修改现行《宪法》。现行《宪法》虽然以国家根本大法的形式规定了政府环境保护、防治污染和其他保护自然资源的原则，但不足的是，没有明确将可持续发展作为环境与资源保护的指导思想。这说明我国环境与资源的法律和环境与资源的现实问题之间存在脱节的现象，应在适当的时候加以修改，在国家根本大法中增加可持续发展的内容。

第二，修改《环境保护法》。我国的《环境保护法》由于制定时间较早，没有可持续发展的内容，应加以修改和补充。将可持续发展战略作为指导思想并增加可持续发展的内容，以适应保护环境与资源的需要。另外《环境保护法》中还存在计划经济的痕迹，以至于在某些方面与市场经济的要求相悖，如环境保护投资条款与市场经济条件下环境事权分配和国民经济融资体制不尽符合，需要进行调整和完善。此外，环境保护税收制度、环境保护收费制度、环境保护奖励制度、排污权交易制度、环境损害责任保险制度等法律制度的研究应该提上日程，使环境行政法律法规能覆盖城镇生态环境保护的方方面面，以便能更好地为我国城镇化的可持续发展服务。

4. 严格执行生态环保的相关法律法规

培根说过：制度不执行，比没有制度危害还要大。在权力与责任的天平上，政府往往自觉或不自觉地偏爱权力。要达成权力与责任的平衡，就必须对权力的行使加以限制，同时加重承担责任的后果。

第一，增强环境保护行政部门的生态执法力度。生态执法工作是使生态法制落实的根本举措，因此，必须改进我国相关的生态执法工作，尊重和发挥生态法制的权威性、严肃性，使政府生态职能和生态责任得到落实和保障。首先，要保障和提高生态执法部门的地位。执法必须以拥有足够权威的权力为前提，只有生态执法部门的地位提高了，才能提高政府生态职能和生态责任的地位。其次，理顺生态管理部门之间审批、处罚、执行等权限的划分和相互关系，增强执法的可操作性和力度。生态执法工作涉及的领域、行业和部门较多，容易发生权限划分不清、责任落实不到位的情况。要改进生态执法工作，就要在生态管理体制框架内理顺各部门间的审批、处罚和执行权力，为生态执法的顺利进行扫除障碍。最后，各级地方政府要积极配合生态执法，主动保障生态执法工作的开展。地方政府要从生态文明建设的整体格局出发，摒弃地方保护主义或行业保护的狭隘理念，为生态执法创造更多便利条件，保障生态执法工作的顺利进行。

第二，加强生态执法队伍建设。加强执法队伍建设，形成行之有效的生态保护执法队伍体系，为我国城镇化进程中的生态文明建设提供坚实的保障。在城镇化生态问题治理中，督促执法人员转变观念，实现由传统的思维习惯、工作方法转变到行为规范、公正透明、廉洁高效的执法模式。加强执法队伍建设，提高执法能力，提高执法人员的素质。特别是在科学技术日新月异、信息充分交流和社会事物日趋复杂的今天，对执法人员自身的素质要求越来越高：不仅要有较高的道德品质，而且还要有丰富的管理知识、良好的平衡感和高超的驾驭事态的技巧。

第三，完善生态执法监督机制。要真正发挥法律的调整作用，还需要有高效能的行政执法和完善的执法监督机制，要充分发挥各级环境监察机构的作用，经常性检查生态执法工作，加大行政执法力度，特别要加强对资源开发和生态环境破坏问题的执法检查。各级环保部门要提高依法行政水平，实行行政执法责任制。要求政府工作人员在执行决策时，建立公示制度，并使公示制度落到实处，而不是流于形式。对于在执行过程中，不能正确贯彻决策的工作人员，依法追究其法律责任。

（二）完善城镇化进程中政府生态责任考核制度

城镇化进程中，不应仅仅用城镇人口的增加、城镇土地面积的增加、城镇产业的发展和城镇经济的增长等传统的指标来衡量政府工作的成败和城镇化的速度，应该将生态建设纳入到整体政绩考核之中，强化环境指标在干部考核指标体系中的分量和地位。将以往“志愿性”的环境指标提升为具备严格约束力的“硬指标”，并在基层干部升迁中赋予一票否决权。坚持环境保护与经济发展同等重要的执政理念，加强生态建设考核的权重，制定出生态建设的考评指标，特别是将绿色GDP指数纳入到对地方政府的考核体系之中。对于未能达到最低标准的主管部门及其负责人实行末位淘汰制，特别是对环保工作中出现的罔顾民意、监督不力、处理不当的行为以及由此引发的群体性事件，实行“一票否决制”。而对于工作绩效优、群众评价好、社会满意度高的环保相关部门及官员，通过职务提拔、职位升迁、褒奖表彰等方式进行物质或精神上的激励。

具体来说，就是把环保投资占GDP比重、防治水土污染面积、单位GDP资源节约率、辖区内企业绿色生产达标率、居民环保知识普及率、居民对周围环境的满意度等社会生态类指标作为衡量地方政府绩效的标准，并随着经济社会的发展加大这些指标的权重。通过制定生态管理绩效评价指标体系，可以确定生态管理机构设置得是否合理，权责体系是否完整，决策是否正确，行政程序是否科学，规章制度是否健全，人员素质是否合格，各部门是否协调，信息是否畅通等；可以确定生态管理活动的目标达成度；可以确定生态管理活动的社会效益大小；可以确定生态管理的成本费用高低，为建立精干、高效的生态管理机构提供依据。在评价地区经济发展状况时，应以绿色GDP增长而不是一般GDP增长为准，把扣除资源环境损耗后的经济增长作为经济衡量指标。生态效益指标设置恰当、所占权重合理，有助于政府有效履行生态管理职能，充分发挥政府的综合管理能力，协调我国经济、社会、资源、环境可持续发展。

1. 政府生态责任评价指标体系建立的原则

政府生态责任评价指标体系作为一个复杂的复合系统，要全面、客观、公正地评价政府治理生态环境的绩效水平，必须建立一套能全面反映政府生态责任评价的评价指标体系。在确立政府生态责任综合指标体系时，需遵循以下原则：

（1）全面性原则。政府生态责任评价指标体系是政府履行生态责任的总体描述和抽象概括。要求反映被评价主体履行生态责任的各个方面，要能够真实、全面地反映出评价主体的现状和未来可能的发展状况。选择的各个指标要求能够作为一个有机整体全面、综合地反映和描述政府履行生态责任的情况。同时，由于构成政府生态责任的要素较多，可按照其层次的高低和作用的大小不断细分。

（2）科学性原则。政府生态责任评价活动是一项科学性、技术性很强的工作，在评价过程中从每一个指标计算内容到计算方法都必须科学、合理、准确。在政府生态责任评价体系中，指标一方面需要完整综合地反映各方面的情况，但也要有选择性，不需要囊括数百个指标之多，看似全面复杂，实际上在指标的取舍过程中忽视了指标的重复性及相互间关联的机理，各个指标的名称、定义要有科学依据，每个指标的解释、计算方法、分类等都要讲究科学、规范。

（3）信息真实与完整原则。信息是评价活动的基础，整个评价活动必须掌握可靠的信息。信息完整要求掌握政府履行生态责任的各方面信息，包括政府制定的各类保护生态环境的政策、法律法规、制度，政府的生态环境治理实践，政府生态环境保护工作人员情况等信息。尽量做到收集各类信息，反映信息不缺漏，特别是在信息数量和范围上要求评价重点内容的信息齐全与完整。

（4）透明性和公众参与原则。政府生态责任评价活动的有关信息要公开透明，而且评价过程也要公开透明。评价机构应当通过一定的形式向公民、其他社会团体以及企业等组织发布政府生态责任评价的进展、评价结果等相关信息，满足公众“知情权”的需要。公众参与政府生态责任评价可以通过大众传媒了解评价信息，以书面形式向政府生态责任评价机关提出建议，直接委派代表参与有关政府生态责任评价的论证等多种参与途径。这样，可以有效地保证政府生态责任评价既反映国家利益又不忽视社会公众利益。

（5）独立评价原则。独立评价原则是指评价机构的工作人员在进行生态责任评价时，在其依法行使的职权范围内，按照生态责任评价的要求不受任何干扰地独立地完成评价工作。这一原则包含下面几层内容：第一，独立的含义是指不受任何人，既包括评价工作人员所处的评价机构的负责人员，也包括外部其他方面的力量，如政府部门的干扰和左右。独立原则就是要使评价人员处于中立立场，不偏不倚地开展评价工作，保障评价结论的公正性、客观性。第二，独立的主体不是评价机构而是评价工作人员。在科层制下，评价机构的独立要比评价工作人员的独立困难很多，而且评价机关的独立最终还是要落实到评价人员的独立上，所以规定评价人员的独立更科学、合理。第三，评价人员的独立，一方面意味着评价人员可以充分地运用自己的专业知识完成所承担的具体评价工作，自由地发表评价意见，独立客观、实事求是地作出评价结论。另一方面独立并不意味着评价人员可以为所欲为，评价人员应该严格遵守有关制度的规定，按照规定的程序、方式和期限作出评价结论。

（6）可测性原则。政府生态责任指标的可测性主要包括绩效评价指标本身的可测性和指标在评价过程中的现实可行性。生态责任评价指标本身具有可测性是指评价指标所规定的内容可以运用现有的工具测量获得明确结论。不能量化的指标，定性描述也应该具有直接可测性；不具有直接可测性的内容，应通过可测的间接指标来测量。

2. 政府生态责任评价指标体系的主要内容

政府生态责任指标体系应有相应的层次。其主要层次有：目标层，即政府生态责任评价指标体系，所追求的是政府能切实负起生态环境保护的责任、使自然资源得到合理和科学利用、生态系统处于良性循环，确保人与自然和谐相处；一级层次指标，由政府生态责任评价的制度性指标、行为性指标、人员性指标构成；二级层次指标，根据一级指标三个方面所包含的实质内容，参考我国生态文明指标体系、小康社会指标体系的设置方法，根据国内外反映生态环境、生态文明、生态城市等的常用指标。在借鉴苏州大学许继芳博士论文的研究基础之上，这里尝试提出政府生态责任评价指标体系，该指标体系共三个层面（目标层、一级层次指标、二级层次指标）、三大方面（政府生态责任评价的制度性指标、政府生态责任评价的行为性指标、政府生态责任评价的人员性指标）、25个具体指标，具体见表5.1。

表5.1　政府生态责任评价指标体系

目标层	一级层次指标	二级层次指标	指标权重	指标分配
政府生态责任评价指标体系（300分）	政府环境责任评价的制度性指标	政府环境责任体制的合理与合法性	24%	30分
		政府生态责任职能的灵活多样性		50分
		生态环境指标纳入党政领导干部考核指标制度		20分
		工业废水排放达标率（%）	60%	5分
		工业固体废弃物处置利用率（%）		5分
		万元GDP二氧化碳排放量（kg/万元）		5分
		水土流失土地治愈率（%）		5分

（续表）

目标层	一级层次指标	二级层次指标	指标权重	指标分配
政府生态责任评价指标体系（300分）	政府环境责任评价的制度性指标	主要河流三级水质达标率（%）	60%	5分
		集中式饮用水水源地水质达标率（%）		5分
		城市生活污水集中处理率（%）		5分
		危险废弃物处置率（%）		5分
		生活垃圾无害化处理率（%）		5分
		森林覆盖率（%）		5分
		城市人均公共绿地面积（㎡/人）		5分
		噪声达标区覆盖率（%）		5分
		全年API指数优良天数（%）		5分
		城镇燃气普及率（%）		5分
		环保财政投入占同期财政支出的比例（%）		5分
		环境保护投入占GDP比重（%）		5分
		生态环境议案、提案、建议比例（%）		5分
		为民办实事环境友好项目比例（%）		5分
		环境管理能力标准化建设达标率（%）		5分
		生态知识普及率（%）		5分
	政府生态责任评价的人员性指标	政府生态领导班子建设（用人、决策、团队合作、创新）	16%	60分
		政府生态非领导人员资源开发（执行、效率）		40分

（数据来源：许继芳.建设环境友好型社会中的政府环境责任研究[D].苏州：苏州大学，2010.117）

（三）健全政府生态问责制度

强化政府的生态责任，必须加重对政府生态环境管理中的违法失职行为的问责，以促使政府在生态环境管理中做到有所为有所不为，并在有所为中充分作为。

第一，生态问责机制常态化。生态问责机制要贯穿日常行政事务的始终，在涉及城镇生态文明建设的日常行政管理事务中要落实全过程问责。每一个岗位都有明确的责任和奖惩机制，一旦生态失职，根据过错及后果的严重程度，承担相应的生态责任，这样才能提高行政人员的生态责任意识，减少重大生态事故的发生。

第二，生态问责机制规范化。在城镇化建设过程中，要对各个环节或结果制定具体明确的生态责任制度，有章可循，有据可依。只有生态问责机制制度化、规范化，才能给行政人员确定预期，消除他们的侥幸心理。

第三，生态问责机制法制化。生态问责机制必须与我国法律、行政法规相结合，将地方政府和国家相关部门颁布的问责制度视为现行法律和行政法规的有机补充，不断完善政府生态问责制度。例如，浙江省长兴县通过制定《长兴县环境违法行为责任追究办法（试行）》实现生态责任问责的法制化。其中规定，各乡镇守土有责，党政一把手对当地环境质量状况负责，县委、县政府将对未能及时完成上级规定的环境保护任务的乡镇主要责任人予以责令限期整改、通报批评；如造成重大损失或恶劣影响的，对主要责任人给予党内警告至严重警告处分；造成严重损失或恶劣影响的，给予撤销党内职务、行政降级至撤职处分。

第四，生态问责机制对象化。建立和完善生态责任制度应体现针对性、适用性，而不能一刀切。这就要求必须本着“谁主管谁负责、谁负责谁承担责任”的原则明确生态问责主体，将其细化为负有直接领导责任、负有基本领导责任、负有主要领导责任等，确定问责限度，清理责任关系，改变以往集体承担责任的混乱局面而导致的逃避责任，实现政府生态问责机制的真正落实。

（四）完善对政府生态环保职能的监督机制

法国启蒙思想家孟德斯鸠在他的《论法的精神》一书中指出：“万古不变的经验向我们表明，人一旦有了权力就容易滥用权力，使用权力的尽头……为了防止滥用权力，从事物的性质来说，就必须以权力约束权力。”因此，必须构建一个科学、完整的监督制度，来约束我国政府的行为，促使政府在城镇化进程中积极履行生态责任。完善我国政府生态责任监督制度是一项复杂的工程，必须按照合法性原则、民主性原则、协调性原则和实效性原则严格制定。

只有这样才能不断提高对政府履行生态责任的监督力度，保障城镇化进程中政府履行生态责任的合法、合理、高效运行。

第一，完善政府生态责任监督机制。首先，要完善行政系统内部的监督机制。完善行政系统内部的监督机制要重塑监督主体的独立地位，从根本上改变监督主体依附于监督对象不合逻辑的关系，建立垂直领导体制，从财政、人事上彻底摆脱同级政府部门的干涉。从根本上保证监督主体的独立性和权威性，从而使其更好地发挥监督效能。其次，完善司法监督机制功能。要不断落实宪法赋予司法机关的独立地位，加强法院系统体制改革，保障法院独立行使司法权。只有保障司法机构的独立司法权，才能从根本上保证人民法院独立公正地审理生态环境行政案件。

第二，强化权力机关监督。人民代表大会及其常委会对政府履行生态责任状况的监督应该处于整个权力监督体系的统领地位，因此必须要确立人大及其常委会的监督权威。首先，要提高人大及其常委会人员的素质。规定人大代表及其常委会成员文化水平和知识底线，对其知识构成做出原则性的规定。其次，要建立人大监督专员制度，强化人大监督职能。设立人大生态环境行政监察人员，在全国人大和省级人大设立行政监察专员，这些监察专员由本级人民代表大会产生，对本级人大及其常委会负责。并且充分保障监察专员在依据公民的申述、新闻媒体的报道的情况，享有开展调查事实、通报情况、人事处分建议和临时处置等权利，从而实现人大及其常委会的宏观监督和微观监督相结合。再次，完善权利机关的监督方式。监督实践中，权力机关应当加强对政府的环境工作监督，在听取审议政府工作报告时，应重视政府对生态环境工作的报告，并对生态环境重大事项和专题工作的汇报作出相应决议。加强对政府和生态环境行政主管机关工作人员的失职行为的监督，对有严重失职行为的行政主管人员应撤销其公职，并加强对政府生态行政工作人员任职资格监督，这样才能有效地发挥各种监督方式的作用。

第三，完善事前监督。目前，我国应尽快转移监督重心，突出事前监督，促进监督关口前移，变被动的末端监督为主动的全过程的生态行政监督，从而减少政府生态失责。具体而言，就是要从城镇的生态环境规划入手，检查区域规划、城镇发展规划、城镇环境规划、规划环评等环境保护措施的落实情况，对建设项目的建设过程和建成投产等环节进行监督，从社会再生产全过程入手，将生态责任监督贯穿于城镇化建设的全过程。

四、综合运用多种手段保护生态环境

（一）充分发挥经济手段的重要作用

1. 加大政府生态环保的财政投入

环境财政是国家为保护生态环境和自然资源，向社会和公众提供环境服务，保障国家环境安全的政府收入与支出活动。随着中国公共财政资源的不断增长，利用公共资源治理环境问题的时机已经成熟，政府应该调整支出结构，加大环保资金支持力度。中央政府要在治理环境污染、维护生态平衡方面给予地方政府更多的财政支持。而地方各级政府也需要将生态保护目标纳入国民经济和社会发展之中，在财政预算中，把更多的财政支出投入到生态环境工作中，鼓励科技创新，加强农村生态环境保护、生物多样性保护、生态恢复和水土保持等重点生态环境保护领域的技术开发和推广工作。

第一，明确投资主体的责任，加大资金的投入。政府财政支出的落实必须基于中央与地方之间的环境保护事权划分，明确各类主体的环境保护资金责任。只有明确了资金责任的投资才是可行的，才能收到实际效果。具体来说，政府的环境保护责任，应当遵循“一级政府、一级事权、一级财权、一级权益”的原则。政府生态环境事权的管辖范围应当与生态环境问题的影响范围相对应。影响范围限定于特定行政管辖区的生态环境问题，属于地方性生态环境服务，应该由地方政府负责；如果环境影响范围是跨行政区的，甚至是全国范围的，就是全国性公共物品，应该由中央政府进行财政投入。

第二，建立稳定的环境财政支出科目。按照公共财政的要求，根据中央政府环境事权，建立独立、稳定的环境财政支出科目，为政府行使生态环境事权、履行生态环境保护职能提供资金保障。要尽快把目前由各个部门分别管理、散落在不同资金科目、以不同形式存在的属于环境财政支出的资金，统一纳入环境保护科目实施预算内管理，保证一定的总量规模。此外，还要统筹使用预算关于生态环境建设和保护的资金，如省内生态保护资金、可持续基金、农田基本建设资金、生态公益林补助资金、水土流失治理资金等专项资金，要将这些资金的使用同生态建设和保护工作结合起来，切实提高有限资金的使用效益。

2. 充分发挥绿色税收的调节作用

第一，完善消费税。扩大消费税的课征范围。将那些难以降解和无法再回收利用的材料、在使用中预期会对环境造成严重污染而又有相关的“绿色产品”可以替代的各类包装物品、一次性使用的电池以及会对臭氧层造成破坏的氟利昂等产品列入消费税的课征范围。适当提高汽油、柴油、鞭炮、焰火等消费品和以不可再生资源为原材料的消费品的适用税率，以增强消费税的环保功能。要明确规定对使用“绿色”燃料的小汽车免征消费税，以促使消费者和制造商做出有利于降低污染的选择。

第二，扩大资源税征收范围，调整资源税税额。将目前的资源税目进一步扩大，应将征税范围扩大至土地、矿产、森林、草原、动植物、滩涂、地热、大气、水等再生和非再生资源的各个领域，重点要放到稀有资源、森林资源和土地资源的税收处理措施上，进一步调整资源税税额，不仅要将资源级差地租纳入到税额中，而且要考虑资源绝对地租部分，更要将资源开采产生的环境成本考虑进来。

第三，调整所得税。在所得税方面，规定对企业和个体工商业户为防治污染而调整产品结构、改进工艺、改造设备而发生的投资给予比普通投资项目更为优惠的税收抵免；对企业和个体经营者对我国境内环保事业的捐赠允许在一定限额内于所得税前扣除；对污水处理厂、垃圾处理厂（场）等环保企业实行加速折旧制度。

3. 充分利用社会资金

建立健全多元化的生态环保投入机制，多渠道筹集资金用于生态环保工作，可以有效地减轻政府财政负担。政府要带动和引导社会资金的投入，进一步支撑对生态环境的保护与建设。一方面，银行应该树立取之于社会、回报于社会的经营思想，从长远计划和国家整体利益考虑，主动积极地给予城镇生态环境必要的资金支持；另一方面，政府应该通过各种政策给予银行必要的支持，予以政策倾斜和利益补偿如贴息等。另外招商引资不仅可以解决资金短缺、人才匮乏的困难，还有利于引入先进技术，更新生产设备，提高管理水平，实现城镇化的科学发展。充分利用各种人际关系进行招商，同时给予一定的优惠政策来吸引外出的本地企业回归投资。政府还应该通过各种方式来增强开发区与国内外的资金联系，并以资金流动为先导，逐步开展包括技术、人才等多种生产要素的综合投入，保证城镇化进程中生态环境保护有充足的资金。

（二）加强对公众的生态思想教育

解决生态环境问题，首先需要从转变人们的态度着手。在加强生态环境保护的过程中，如果把伦理道德的“软约束”与法律制度“硬约束”相结合，实现互补，将会取得事半功倍的效果。生态文化既是一种价值观念又是一种伦理道德，既是一种思维方式又是一种行为准则，政府通过加强生态伦理道德的教化作用，倡导正确的生态价值观，使其渗透到城镇生产、生活的一切领域，形成健康、积极、和谐、可持续发展的城镇文化，可以形成全社会的合力，共同解决城镇化进程中的生态环境问题。

政府在加强公民的生态环保教育时应包括以下几个方面：第一，吸收优秀的传统生态文化。中国五千多年的悠久历史是一部传统文化的传承史，有着以“仁、义、礼、智、信”为核心的伦理道德文化，这些都是建设生态文化的宝贵资源，需要对其优秀的传统文化进行继承和发展，特别是传统文化中蕴涵的合理的集体主义思想、共生文化中的人与自然和谐相处的“天人合一”思想以及伦理道德文化中的公共秩序理念等。因此，政府在建设生态文化的过程中，一定要注意吸收传统生态文化中的优秀思想。第二，要积极普及现代生态文化。政府在宣传生态文明思想时，应该加快最新的生态文化成果的传播，与时俱进的生态文化应该在全社会迅速普及开来。最新理论成果是依据生态环境问题现状而产生的，更具有实用性，因而，政府应加快即时生态文化的传播。第三，吸取国外优秀的生态文明思想。政府要科学地对待国外优秀文化，积极宣传到我国群众中去，使其为提高中国人民生态文化素养所用。综上，政府在加强城镇生态文化建设时，既要做到古为今用，又要做到洋为中用；既要使生态文化有厚重的时代感，又要使其拥有鲜明的时代感；既要体现中国特色社会主义的特殊性，又要保障其全球范围的普遍适用性。具体说来，政府应该做到以下几点。

1. 将生态教育贯穿于学校教育的始终

生态文明教育应该与校园文化教育相结合，提升在校学生的生态保护意识。学生是我国社会主义事业的接班人，是社会主义和谐社会建设的核心力量。在学校教育中，应该结合学生校园日常学习生活，开展丰富的校园实践活动，开展生态伦理教育课等。尤其在生态伦理课程中，应该强调人与自然的辩证关系，开设环境保护专题等内容，提高学生生态文明素质。要始终将生态意识教育渗透于学校整体课程之中，建立和完善学生生态意识培养体系。各级教育部门应将生态文明建设的战略思想及生态文明的理论与技术等内容贯穿于从小学到大学的教育全过程中。

在学校教育中，首先要关注环境教育的层次性：对小学生的环境教育要浅显，利用课外活动进行渗透，比如多组织春游、垃圾分类和植树等活动，让小学生多接触大自然，多进行生态环境保护的活动；对中学生要引导他们关注环境问题，并将生态环境保护的有关思想和知识适当地添加到课本中，让他们在受教育、学知识、长身体的同时，树立热爱大自然、保护地球家园的高尚情操和培养对环境负责的行为；在高等教育中，应该加入可持续发展教育和环境教育，将可持续发展和环境保护的原则、指导思想落实到大学生的各项活动中，融入大学教育的全过程。

其次，要注重完善生态环境教育形式。生态环境教育不仅要注重课堂教学，还应注重课外活动，全方位地提高学生的素质。如组织学生进行社会调查活动，到受污染严重的河流、居民区做实地考察采访，写成调查报告，使学生了解生态环境现状、生态环境知识，提高热爱大自然、保护大自然的自觉性。

2. 加强全民生态教育

开展全民生态教育，使生态意识在全社会范围内不断强化，进而引导全体公民的实践活动，实现一种全社会生态意识形态与实际行动的结合。为此，各级政府必须通过各种方式和渠道开展全民的生态环保教育，积极对社会公众进行生态和谐教育，向社会宣传生态知识、生态消费方式，尤其对居民、街道乡镇企业及个体私营企业、第三产业的从业人员进行生态教育培训。

政府还要充分利用科技馆、图书馆、博物馆等文化设施的优势，提升城镇人口的文化素养，建立当地居民需要的各种文化站和培训基地，保护和开掘本地区的历史和民族文化遗产。此外，政府还应该将生态环境保护活动与社区活动相结合，要围绕发展生态经济、建设生态文明，开展丰富多彩、形式多样的宣传教育活动，着力培养人们热爱和保护环境的自觉意识，提高社区生态环境文化氛围，提高社区的生态化程度，提高社区群众的生态保护意识。

3. 发挥新闻媒体的舆论导向作用

新闻媒体作为当代社会生活的重要组成部分，对于人们的日常生活起着导向作用。媒体是公众接受生态知识、生态信息的主要渠道，是引导公众思维和行为，实施生态教育的主要载体。政府可以通过广播电视、报纸杂志、图书资料以及网络系统等多种渠道，对公众进行不受时空限制的生态教育，通过媒体向公众传授生态平衡、能源分布与消耗、资源保护与节约、污染的起因与危害、土地使用与控制、生活垃圾的分类与处置和环境标志等基本知识等。

政府应充分、有效利用传媒业的优势，以人民喜闻乐见、通俗易懂的方式开展一系列如专题栏目、公益广告、现实互动等推广生态伦理与环保意识宣传。如制作一套如《国家地理杂志》《动物世界》之类的高质量节目，通过让人们了解生物的多样性、自然的链条以及生命的精彩，提升人们对生态自然的了解与热爱以及对生态伦理的解读能力，从而深入提高其生态保护意识。

（三）推动城镇化进程中产业的生态化发展

城镇化的发展很大程度上依赖产业的发展，产业是城镇化发展的内在动力，也是城镇化产生生态环境问题的关键环节。良好的城镇产业发展应该在总体上走科技含量高、经济效益好、资源消耗低、环境污染少、人力资源优势得到充分发挥的新型工业化道路。依靠科技进步，推进产业结构的优化升级，用先进技术改造提升传统产业，培育和壮大主导产业，形成支撑城镇经济发展的产业体系。

我国正处于重化工业高速发展时期，难以限制对资源、能源、环境压力较大产业的发展。但国家应该通过产业政策和治理行动提高产业集中程度和技术水平，鼓励发展资源消耗低、附加值高的高新技术产业和服务业等，以提高单位环境容量资源的经济产出，减少因产业发展所带来的城镇生态压力。

第一，制定绿色产业政策，促进生态与经济协调发展。所谓制定绿色产业政策就是依据生态与经济协调发展原则确立生态产业政策，即一方面选择环境保护与经济健康发展相统一的产业结构、生产结构、能源结构、技术结构和消费结构；另一方面淘汰存在严重污染的产品和工艺，大力发展绿色产业。这不仅可以提高污染治理效果，减少资源消耗，而且能推动整个城镇的生产技术进步。政府对于引入产业必须作出充分论证，必须将该企业作为本地产业、资源、生态等综合因素中的一个和谐因素而融入，使该企业的融入不仅能够完善本地的产业链条衔接与发展，对于本地的资源消耗、生态环境承受能力及人口容量等，都不会产生破坏性的改变，在促进本区域工业化发展的同时，不至于影响第一产业的发展，并能够带动第三产业的发展，使本区域的产业、经济、社会、环境呈现出稳定、和谐与可持续的良好发展趋势。

第二，大力培育生态产业市场。为了培育生态产业市场，确保市场规模，各级地方政府和企事业单位应共同努力，完善环境管理措施，健全社会促进机制，形成可以提供环保技术、商品、服务、资本、劳动力以及信息、交流和人才服务等项目在内的综合性的生态产业市场。从有利于生态产业发展的角度出发，开放生态产业市场，在合作与竞争中求发展，努力创新机制，建立生态产业开发风险基金，推动重大技术项目的研制与开发。

第三，政府要完善产业配套，实现产业合理布局。产业体系是由无数条产业链构成的，产业链将上、中、下游等企业关联起来，促进第一、第二和第三产业协同发展。政府要将资源分配与生态环境融入整个产业链中，不因个别企业的过度与失调而导致产业链遭到破坏，进而造成自然资源与生态环境的破坏与失衡。要重视产业结构单一的资源型城镇的可持续发展，采取相关措施，因地制宜发展接续产业和替代产业，促进形成新的增长点。最终实现生态效益、经济效益与社会效益的最优化。

例如，山区城镇要以发展生态经济农业、农副产品与山区资源加工以及生态旅游、旅游产品加工等生态型产业为主导，增强山区经济发展的活力，为下游城市的经济建设提供绿色屏障。沿海城镇要以发展滨海工业、滨海旅游、海洋运输、滩涂开发和海产品加工为主导，充分发挥海岸地区区位优势的辐射能力，带动其他地区经济的发展。大中城市和重点城镇要调整好一、二、三产业之间的比例，积极发展以金融、商贸、科教、文化以及旅游为主的第三产业，发挥自身的优势，重点发展科技含量高、无污染或少污染的电子、服装等轻工、加工型产业，严格控制新污染，进行产业结构调整过程中，要坚决限制和淘汰资源能源消耗高、污染重的产业及落后的生产工艺、设备和产品。禁止新建不符合国家产业政策和城镇生态环境保护要求的建设项目；杜绝小企业死灰复燃，防止污染转移。

（四）积极引导绿色消费，倡导与生态文明相适应的生活方式

1. 积极引导绿色消费

绿色消费模式属于环形消费，即消费后的剩余产品经过再利用过程被重新作为资源使用，从而减少污染，并使整个消费模式得以持续。绿色消费有以下几层含义：一是倡导消费者在消费时选择未被污染或有助于公众健康的绿色产品；二是在消费过程中注重对垃圾的处置，不造成环境污染；三是引导消费者转变消费观念，崇尚自然、追求健康，在追求生活舒适的同时，注重环保、节

约资源和能源，实现可持续消费。

实现绿色消费，一方面要求消费者加强绿色消费的文化建设，企业加强生态文化建设；另一方面，则要求政府制定政策，规范人们的消费活动和方式，为绿色消费提供相应的制度保障。大力提倡绿色消费，树立科学合理的消费观。作为消费链的主体，地方政府、企业与消费者在循环消费模式下必须遵循相应的原则。

此外，消费者应坚持适度消费，避免资源浪费，对于可再利用的废弃物主动进行分类回收，实现生活消费无害化或低污染。并且选择有“环境标志”的绿色产品，以拉动企业做绿色生产，进而又促进绿色消费的发展。

除此之外，政府还应该通过大力发展绿色科技，兴建环境基础设施等多种手段来履行城镇化进程中的生态责任，例如，兴建水库、垃圾处理厂、污水处理厂，组织开展技术和装备攻关，提高环保设备成套化、系统化水平。加快开发节能、节材和清洁生产工艺设备等。

2. 倡导与生态文明相适应的生活方式和行为

思想是行动的指南，人们认识世界最主要的目的是改造世界。政府进行生态思想普及的最终目的是规范人们在城镇化建设中的行为方式，使人们在城镇发展中不做出损害生态环境的事情。政府在城镇化进程中倡导与生态文明相适应的生活方式与行为，最主要的是开展各类与生态环境保护相关的活动、政府做出示范引导，以及利用各种特殊的日子，带动人们切实地参加到生态环境保护中去。

第一，政府要开展大量与生态环境保护相关的活动。政府要在广大群众中开展各项活动：提倡使用太阳能、生物能以及风能等新型能源和节能技术；提倡节约用水和水资源二次使用；提倡使用环保型交通工具以减少废气、噪声污染；提倡使用生态建筑，用生态建材进行适度装修；提倡生态旅游；提倡食用绿色食品；提倡健康、文明的生活方式和娱乐方式；提倡对生活垃圾进行分级分类处理，养成科学卫生的生活习惯，引导群众形成良好的生活习惯。此外，政府要加大公众环保参与力度，让每一位公民都愿意和能够充分地履行自己的环保参与权，规范自己的行为方式。

第二，政府以身作则。在城镇化进程中引导公民的行为方式，政府首先要以身作则，树立榜样，只有这样，政府所倡导的行为方式才有说服力。例如，成都市几年前就发起过无车日活动，市长自己带头骑自行车上班，在全社会形成了良好的示范，很多居民、群众纷纷效仿。

第三，利用特殊日子，组织居民活动。政府要利用好各种纪念日或活动日，让居民在特定的日子里意识到某一生态环境问题，并加入解决问题的实践当中。特别是每年的世界水日、世界气象日、世界地球日、世界无烟日、世界环境日等，组织相关的活动。例如，植树节组织居民进行植树活动；地球日组织居民关灯一小时等，通过这种特殊强调的方式，逐步改变他们日常的行为方式。

图5.6　4月22日世界地球日

五、加强政府间及政府与其他环保主体间的多元化合作

（一）加强中央政府与地方政府之间的合作

我国是一个以中央政府为主导，以县域政府居多数的大国。为了实现我国城镇化的可持续发展，为了将国家的可持续发展战略、科学发展观得以真正地贯彻到各级城镇建设、发展的具体实践当中，加强地方政府与中央政府之间的关系，促成中央政府与地方政府之间生态责任的理论与实践之间的互动显得尤

为必要。

对于中央政府而言，不仅要从宏观的角度出发来制定全国的城镇发展规划和有益于城镇可持续发展的各项环保政策法规，而且，应将地方政府对城镇化的建设状况，对国家城镇环境政策的执行程度，对城镇生态建设、环保专项资金的使用情况及资金的使用效率等进行常规的监督和检查，加大不利于城镇化可持续发展和环境违法等的惩处力度，以便及时发现漏洞并进行及时修复。中央政府还要加大对以县级为首的地方政府的生态责任进行界定、监督和检查，并通过合理的奖惩办法来帮助其改正错误。总结地方政府对城镇化进程中生态责任的承担情况以及生态环境治理的经验，以此来积极吸纳地方各级政府富有创新性的，有利于可持续发展的模式和先进的生态治理方法并极力将其拓展至全国。

地方政府必须将其城镇发展宗旨与中央政府保持一致，必须坚决贯彻中央的号令和各项有益于生态环保的法律、法规，认真执行国家的各项城镇化建设和生态文明建设相关政策、决策和文件，决不能弄虚作假。这就要求地方政府必须主动学习中央的各项环保决策、法律、法规，深入了解、掌握其内容；切实领会其精神实质，并严格按照中央的可持续发展要求，对本地区城镇的经济社会发展和生态文明建设做好系统而又长期的规划，并认真组织实施。将中央的环境政策指令吸收消化，并根据本地的实际情况加以灵活利用到具体的城镇化建设实践当中，予以创新，并积极地向上级反映政策落实、执行程度等情况，真实反馈本城镇的环保信息，以便于中央政府对环保政策理论等进行及时的修补和完善，不断充实中央宏观的城镇生态环保理论与决策，更好地指导国家的城镇生态环保事业。同时，地方政府也要充分发挥主观能动性，在中央政府的生态顶层设计下，因地制宜地探索具体的生态责任落实路径。

总之，中央政府要切实关注每一个地方政府的可持续发展问题和生态环境问题，将地方政府置于生态责任落实的首要地位，将地方政府的生态责任作为实现可持续发展和构建社会主义和谐社会的主要途径，在中央政府与地方政府之间达成一个可持续发展指导理论与可持续发展实践之间的良性互动。地方政府本着实事求是的原则，认真贯彻执行中央关于城镇化可持续发展理论、环境政策，地方政府的城镇可持续发展和生态环保实践才不至于陷入盲目和无序。反过来，中央政府应及时地监督检查并主动吸纳地方政府的可持续发展和生态环保之实践经验，用地方政府的这种实践经验来充实和丰富中央政府关于城镇化建设中的环保决策、环保理论，并对其进行全国性的推广，使中央政府的城镇可持续发展理论具有足够的科学性和实践性，更具有指导意义。

（二）加强地方各级政府之间的合作

城镇化进程中常常产生许多地方政府无法单独解决的跨区域的生态环境问题。如大气污染、河流污染和生物多样性减少等问题，无法以城镇的范围来规定此类生态环境问题所出现的范围。因此，各地方政府应基于互利共赢的理念，逐步开展跨区域的生态环境合作治理。地方政府间跨区域环境合作治理，是指若干个地方政府基于共同面临的环境公共事务问题和经济发展难题，依据一定的协议章程或合同，将资源在地区之间重新分配组合，以便获得最大的经济效益和社会效益的活动。这种地方政府间的跨区域环境合作治理，一方面能够有力地改变传统的通过地方政府间竞争达到体制创新和经济发展这一目的的制度安排，另一方面有助于开启一种扩大开放、横向合作、共谋发展的“双赢”之路。

第一，要大力推进观念创新，强化区域认同。各地政府之间要形成“多方共赢”“全面协同”的理念。区域环境污染长期无法有效解决的一个关键问题就是利益问题，所以，树立起本地区利益是建立在他人利益基础之上、自己的环境状况与他人的环境状况“唇齿相关”的意识，以实现区域整体的环境利益是必要的。

第二，要加强各地政府之间的充分交流。城镇化进程中，各地政府应该互相学习和利用周围区域好的经验和做法。区域之间资源、环境等方面差异不大，地缘相近，人缘相亲，产业相融，而每个城镇又有其自身优势和发展途径，因此，要充分交流，互相学习，查找自身不足与差距，借鉴兄弟区域发展经验，进行优势互补，形成协同效应。

第三，着力建立良好的政府间合作机制。构建以生态职能为核心的，权责一致，统一、协调、综合的政府间合作体制，是应对当今及未来生态问题的有效途径。建立政府间的协调与合作机制，实现跨区域环境治理模式的科学选择。有必要尽快建立起诸如区域环境联席会议、区域环境协调委员会等各种跨区域的管理机构，并赋予相应的规划和调控权，由它来处理解决单一地方政府无力解决的环境问题。目前，各区域已经有了一些新的举措，这其中就包括成立跨区域的合作组织，为跨区域的环境治理合作提供了制度保障。例如，泛珠三角区域的“9+2政府框架协议”为泛珠三角区域环境保护合作提供了基础；2003年11月，长三角地区成立了“长江三角洲地区环境安全与生态修复研究中心”，为长三角地区生态环境的改善出谋划策。此外，我国在地方保护主义和市场分割严重的情况下，特别需要建立和完善超越地方利益的区域协调机制，实现在各区域之间资源流动与优化配置，培育密切的城镇空间协同关系，实现生产要素的自由流动，实现区域间优势互补。

（三）加强政府与其他非政府组织之间的合作

城镇化进程中的生态环境问题是包括政府在内，任何机构或个人都难以拥有足够的资源和能力去独立地解决涉及多方面因素的复杂性问题，它需要政府与非政府组织（NGO）共同努力和协调解决。所以，多元化、多层次的生态环境主体的合作治理是最为有力和更具优势的城镇生态环境治理模式。

NGO组织有着自身的优势，首先NGO组织所招募志愿者的热情较高，参与人数较多，多数以社会白领和大学生群体为主，彰显了旺盛的生命力。其次，NGO组织的组织形式具有多样性和灵活性。也正是基于这些特点，为政府与NGO组织在生态环境保护方面进行合作提供了可能。各类NGO参与环境保护事业，可以有效地缓解政府的巨大财政压力，弥补了政府作为单独的公共产品提供者的不足，对改善政府运行机制，提高政府工作效率起了重要作用。目前我国NGO组织基本以宣传保护环境的意识、提高人们的环保观念为主要活动宗旨，主动引导公众投身到城镇化进程中的生态文明建设中来，在实现政府与社会的良性互动、提高治理绩效方面发挥着不可替代的作用，为城镇走资源节约型和环境友好型道路作出了积极的贡献。

首先，政府需要建立一套政府与NGO合作的生态治理机制。二者的合作需要有一套沟通机制作为合作的桥梁。在当前面临的治理困境下，政府应该从扶持培育、强化监管以及设立双方合作平台来为NGO生态治理提供保障，保障NGO组织利益诉求表达渠道，悉心听取NGO组织的意见与建议。政府要确保环境NGO必须在资金方面更加独立，政府稳定的资金资助和完善的管理技能将有助于NGO形成生态环境保护工作的独立性。在具体合作上，政府的主要职能应在于“掌舵”地位，以宏观管理为主要工作，而诸如污染治理，废弃物回收、环保宣传和环境监测等具体实施工作应交由NGO完成，政府只需对其执行情况实行监督。

其次，为使NGO能在城镇化进程中的生态保护工作上具备充分的有效性，根本举措在于以培育发展与监督管理并举的方针为指导。健全非政府组织活动的相关法律制度。试行一套《非政府组织活动条例》或针对环保组织制定《环保组织活动细则》等具有法律效力的规范性文件。法律法规的制定应以最大限度发挥社会力量正效应为主旨，界定政府与NGO在环保等公共事务管理领域的权责关系。法律制定的主旨不在于限制NGO的活动与发展而在于提升其发展水平并推动其广泛、有序地参与到生态治理中来。只有制度性的合作，才能使双方的关系规则化，减少随意性，避免决策失误，才能为促成双方达成有效合作提供保障。

第三，政府要对NGO的培育、扶持、财务管理和人事行政等方面做出规范。政府应提升对NGO的一般性财政转移支付的额度，设立专项资金用于支持NGO在生态环境保护等领域的公共管理工作，使NGO不但能有效完成政府的公共事务治理目标，同时也能使自身能力得到不断提升。另一方面，政府对NGO的监管应将重点实现从控制到监管的转移。首先需改变目前NGO注册困难的现状，降低准入门槛，简化注册手续，将NGO纳入政府正规管理体系，然后将精力转移至对NGO运作时期的监管。此外，政府或环保部门应成立相应的协调机构，对NGO在生态保护领域所做工作进行管理和协调，对其工作成果进行考评并实施奖惩。同时，该协调机构也可作为政府与NGO在生态保护领域的合作平台，确保双方合作的规范性、持久性、稳定性。

（四）加强政府与公民之间的合作

公民是民主社会中最重要的主体之一，在“以人为本”宗旨下的城镇化建设，鼓励公民参与生态环境保护工作，促进生态管理主体多元化发展，建设生态和谐社会，是城镇化进程中政府履行生态责任的最终目的。

第一，积极扩大公民的参与渠道。地方政府要成立公民服务中心，主要承担跟公民打交道、倾听公民诉求的职能，加强与其密切沟通，真正从公民切实参与的实际出发，创立公众参与的有效平台。各级政府要回应和保护公众参与环保的积极性，切实加强环境信息公开，建立环境公益诉讼制度，保障公众参与环保的权利，创新公众信访的办理制度和生态决策听证会等平台。要加快推进公民参与网络讨论、民主投票的信息化建设。根据公民参与城镇生态文明建设的不同方式设置不同的参与窗口，然后把这些窗口的信息整合到一个中心，建立一个公民的网络平台，实现网络平台的“一条主线、不同窗口、分类联网”的交互式分布，从而使政府与公民之间在城镇生态环境保护工作上实现有效互动。

第二，完善公民参与的协商机制。政府要树立公民的生态诉求理念，构建参与协调的共同目标。政府要建立和健全公民与政府之间的双向沟通协商机制，是形成透明、民主、负责的政府与公民合作的前提条件。在构建生态城镇化的大背景下，地方政府应该实现公民政治参与渠道的制度化，充分发挥公民参与的法定途径，从制度上确保公民的政治参与权。

第三，发挥公民参与对政府履行生态责任的促进作用。政府在关乎重大城镇生态事项的决策、实行和评估等事务上应重视民意的采纳。首先，在重大事项发起前要采取公开的生态听证议程，广泛地征询民间的意见，向民众公开项目的情况，满足人们对该事项的知情权，改变政府和民间的信息不对称状况。其次，在对生态问题有影响的事情处理上，及时公开进展情况，使民众对政府生态责任的履行情况及时跟进。最为重要的是，民众是和生态环境的关系最密切的，他们是最早感知生态环境变化的群体，所以政府应该保持对民间消息的极大敏感性，及时捕捉到生态环境问题的信息，做到使问题在源头上从一开始就得以解决。

（五）加强生态环保的国际合作

在全球化背景下，中国的环境问题还需要通过积极的国际合作和全球的环境治理来解决。作为最大的发展中国家，中国是国际环境合作中的重要力量。中国要积极参与国际环境合作、国际环境机制建设和国际环境规则制定，弥补自身在资金、技术和人员等方面的不足，节约实现环境治理目标的时间和经济成本。这样既能保证本国的利益，也能更加积极和现实地履行国际环境规则。另外，中国还要争取发达国家更多的支持与合作。作为“世界工厂”，中国事实上为发达国家承担了部分污染。发达国家有责任和义务向中国和其他发展中国家积极转让资源高效利用和再生利用的环境保护技术，而不是将之仅仅作为贸易的对象。

以我国南海地区为例，21世纪以来，南海周边国家意识到海洋生态环境对发展中国家国际合作的重要意义。通过地区性的环境合作，加强各国间的经验交流，相互提供科学技术支持，增进环境共同体的认识，采取有效措施防治环境污染、减缓气候变化的影响，保障经济社会的可持续发展。我国为增进南海地区的和平、稳定、经济发展与繁荣，巩固和发展各国业已存在的友谊与合作，2002年与东盟国家签订《南海各方行为宣言》，提出“在全面永久解决争议之前，有关各方可探讨或开展合作，包括海洋环保、海洋科学研究”的目标。《南海各方行为宣言》的签署，有利于维持南海周边稳定，防止南海，特别是南沙海域争议复杂化、扩大化。我国致力于通过友好磋商和谈判，搁置争议，本着“循序渐进、先易后难”的原则，开展包括海洋环境保护在内的务实合作，以加强保护南海生态环境，有利于维护本地区的食品安全和减少贫困，也符合南海周边国家和人民的共同利益。在2007年举行的第一届东亚峰会上，我国再次呼吁各方加强海洋环境保护，尤其是珊瑚礁、红树林和海草床等脆弱生态系统，并与各国签署了《气候变化、能源和环境新加坡宣言》。

图5.7　哥本哈根世界气候大会

结　论

本书以“城镇化进程中政府的生态责任”为研究对象，从理论上阐述了城镇化进程中政府应履行的生态责任以及其履行生态责任的意义。本书的研究以马克思主义经典作家、中国化马克思主义的生态文明思想为理论指导，以国内外学者关于生态文明和政府生态责任的优秀研究成果为理论资源。本书在考察城镇化进程中政府生态环保职能的形成与发展基础上，对目前我国城镇化进程中政府存在的生态责任缺失及其原因进行了深入的分析。同时，对国外政府履行生态责任的成功实践经验进行了有益的借鉴。在此基础上，提出了城镇化进程中政府履行生态责任的具体对策，本文形成了以下几点结论：

第一，生态环保问题已经成为我国城镇化进一步发展的严重阻碍。目前，我国城镇化进程中存在着严重的生态环境问题。城镇化进程中人口的集聚带来城镇交通的巨大压力，客观上拉低了城镇人口的平均素质水平，带来了流行病的传播；城镇化进程中土地的占用减少了耕地面积，围海造田和围湖造田等方式加剧了生态环境问题的产生；城镇化进程中产业的发展，尤其是传统工业的发展和乡镇企业的发展，对城镇的生态环境造成严重的破坏，上述问题已经逐步演变成城镇化进一步发展的严重阻碍。

第二，政府是我国城镇化进程中承担生态责任的最重要主体。城镇化进程中的生态环境问题解决是一项极其复杂的系统工程，且具有明显的外部性，只能由拥有公共权力部门的政府承担起主要的生态责任。因为，政府是城镇发展的规划者，是生态制度的供给者，是生态公共产品的提供者，拥有多重重要身份，有权力、有能力，也有义务肩负起城镇化进程中的生态责任。

第三，我国城镇化进程中政府履行生态责任已经取得了一定的成就，但仍存在严重的生态责任缺失。城镇化进程中，政府的生态环境保护职能逐步确立，在城镇规划中越来越重视生态环境因素，环境立法与环境管理机构日益完善，环保投入逐年增加，城镇生态环境治理初见成效。但是，城镇化进程中，政府“边发展边治理，治理赶不上发展”的旧式城镇生态管理模式依旧没有被打破，生态失责现象依旧严重存在。城镇化进程中政府过度重视城镇发展和经济增长速度，忽视生态环境因素；环保投入依旧不能满足生态环境治理的需要；对破坏生态环境的违法行为惩罚力度不够；与企业和非政府组织缺少合作等。究其原因，政府在城镇化进程中生态责任意识不够强烈，没能充分意识到生态承载力对城镇化发展的重要作用；制定的城镇发展规划缺乏科学性与连续性；相关的生态环境保护制度不健全；生态环境保护手法单一；与企业、非政府组织的权责不明晰等，这些原因造成了政府在城镇化进程中的生态失责，严重影响了城镇化进程中生态环境问题的解决。

第四，政府要通过多种途径解决城镇化进程中的生态环境问题。城镇化进程中，政府履行生态责任时首先要强化政府的生态责任意识，明确政府在城镇化进程中履行生态责任的重要性和政府的重要地位。城镇化进程中政府还要通过制定规划引导城镇发展方向与路径，通过完善相关法律制度、干部考核制度、生态责任追究制度、绿色国民经济核算制度和税收等制度来承担起生态责任。此外，政府还要综合运用多种手段，加强生态环境保护教育，加强与企业和非政府组织的合作，多方联动，形成合力，共同承担起城镇化进程中政府的生态责任。

城镇化进程中政府履行生态责任既是一个理论上创新的问题，也是实践中无法回避的问题，我们要探索和研究的问题很多，要摸索的实践活动也很多。相关机制、体制和构想不是一蹴而就的事情，需要不懈的探索和努力。同时，囿于作者掌握资料有限，对材料把握、分析能力欠缺，实践经验不足，研究中很多问题缺乏科学性，敬请各位前辈批评斧正。

参考文献

[1] 马克思恩格斯文集（1—10卷）[M].北京：人民出版社,2009.
[2] 列宁文集（1—5卷）[M].北京：人民出版社,2009.
[3] 斯大林文集（上、下卷）[M].北京：人民出版社,1979.
[4] 阿瑟·奥莎利文.城市经济学[M].周京奎,译.北京：北京大学出版社,2008.
[5] 布赖恩·贝利.比较城市化——20世纪的不同道路[M].顾朝林等,译.北京：商务印书馆,2010.
[6] 保罗·诺克斯,琳达·迈克卡西.城市化[M].顾朝林等,译.北京：科学出版社,2009.
[7] 埃比尼泽·霍华德.明日的田园城市[M].金经元,译.北京：商务印书馆,2000.
[8] 国务院发展研究中心课题组.中国城镇化：前景、战略与政策[M].北京：中国发展出版社,2010.
[9] 北京市社会科学研究所城市研究室.国外城市科学文选[M].贵阳：贵州人民出版社,1984.
[10] 陈甬军等.中国城市化道路新论[M].北京：商务印书馆,2009.
[11] 樊纲等.城市化：一系列公共政策的集合——着眼于城市化的质量[M].北京：中国经济出版社,2010.
[12] 高珮义.中外城市化比较研究[M].天津：南开大学出版社,2004.
[13] 谷荣.中国城市化公共政策研究[M].南京：东南大学出版社,2007.
[14] 黄小晶.城市化进程中的政府行为[M].北京：中国财政经济出版社,2006.
[15] 简新华,何志扬,黄锟.中国城镇化与特色城镇化道路[M].济南：山东人民出版社,2010.
[16] 林广,张鸿雁.成功与代价——中外城市化比较新论[M].南京：东南大学出版社,2000.
[17] 刘学敏.城市化与可持续发展研究[M].北京：中共中央党校出版社,2004.
[18] 牛文元.中国新型城市化报告2010[M].北京：科学出版社,2010.
[19] 潘佳华等.中国城市发展报告NO.3[M].北京：社会科学文献出版社,2010.
[20] 仇保兴.应对机遇与挑战——中国城镇化战略研究主要问题与对策[M].北京：中国建筑工业出版社,2008.
[21] 孙群郎.美国城市郊区化研究[M].北京：商务印书馆,2005.
[22] 盛广耀.城市化模式及其转变研究[M].北京：中国社会科学出版社,2008.

[23] 王春光,孙晖.中国城市化之路[M].昆明：云南人民出版社,1997.
[24] 徐和平等.公共政策与当代发达国家城市化模式——美国郊区化的经验与教训研究[M].北京：人民出版社,2006.
[25] 罗尼·利普舒茨.全球环境政治[M].郭志俊,蔺雪春,译.济南：山东大学出版社,2012.
[26] 马克·史密斯,皮亚·庞萨帕.环境与公民权：整合正义、责任与公民参与[M].侯艳芳,杨晓燕,译.济南：山东大学出版社,2012.
[27] 克里斯托弗·卢茨.西方的环境运动：地方、国家和全球向度[M].徐凯,译.济南：山东大学出版社,2012.
[28] 戴维·佩柏.生态社会主义：从深生态学到社会正义[M].刘颖,译.济南：山东大学出版社,2012.
[29] 安德鲁·多布森.绿色政治思想[M].郇庆治,译.济南：山东大学出版社,2012.
[30] 马丁·耶内克,克劳斯·雅各布.全球视野下的环境管治：生态与政治现代化的新方法[M].李慧明,李昕蕾,译.济南：山东大学出版社,2012.
[31] 约翰·德赖泽克.地球政治学：环境话语[M].蔺雪春,郭晨星,译.济南：山东大学出版社,2012.
[32] 托马斯·海贝勒,迪特·格鲁诺.李惠斌主编.中国与德国的环境治理：比较视角[M].北京：中央编译出版社,2012.
[33] 戴维·米勒,韦农·波格丹诺.布莱克维尔政治学百科全书(修订本)[M],邓正来等,译,北京：中国政法大学出版社,2002.
[34] 张创新.中国当代政府管理模式与方法研究[M].长春：吉林人民出版社,2006.
[35] 李泊言.绿色政治—环境问题对传统观念的挑战[M].北京：中国国际广播出版社,2000.
[36] 高小平.政府生态管理[M].北京：中国社会科学出版社,2007.
[37] 丹尼尔·A.科尔曼.生态政治：建设一个绿色社会[M].梅俊杰,译.上海：上海译文出版社,2006.
[38] 俞可平.治理与善治[M].北京：社会科学文献出版社,2000.
[39] 周训芳,吴晓芙.生态文明视野中环境管理模式研究[M].北京：科学出版社,2013.
[40] 孔德新.绿色发展与生态文明：绿色视野中的可持续发展[M].合肥：合肥工业大学出版社,2007.
[41] 杨东平.中国环境的危机与转机（2008）[M].北京：社会科学文献出版社,2008.
[42] 马中.环境经济与政策：理论与应用[M].北京：中国环境科学出版社,2010.
[43] 黄志斌.生态文明时代的和谐管理[M].北京：中国财政经济出版社,2011.
[44] 杨华.中国环境保护政策研究[M].北京：中国财政经济出版社,2007.
[45] 张红凤,张细松.环境规制理论研究[M].北京：北京大学出版社,2012.
[46] 应启肇.环境、生态和可持续发展[M].浙江：杭州大学出版社,2008.

[47] 秦虎,王菲.国外的环境保护[M].北京：中国社会出版社,2008.

[48] 舒惠国.生态环境与生态经济概述[M].北京：中国人事出版社,2005.

[49] 张小平.全球环境治理的法律框架[M].北京：法律出版社,2008.

[50] 温宗国.当代中国的环境政策形成、特点与趋势[M].北京：中国环境科学出版社,2010.

[51] 张建伟.政府环境责任论[M].北京：中国环境科学出版社,2008.

[52] 张雷.政府环境责任问题研究[M].北京：知识产权出版社,2012.

[53] 张劲松.生态型区域治理中的政府责任[M].广州：广东人民出版社,2011.

[54] 中国社会科学院环境与发展研究中心.中国环境与发展评论（第三卷）[M].北京：社会科学文献出版社,2007.

[55] 肖显静.环境与社会：人文视野中的环境问题[M].北京：高等教育出版社,2006.

[56] 陈宏伟.绿色GDP：能做到的和不能做到的[M].北京：三联书店,2007.

[57] 李小云,靳乐山,左停,伊凡·邦德.生态补偿机制:市场与政府的作用[M].北京：社会科学文献出版社,2007.

[58] 申振东,龙海波.生态文明城市建设与地方政府治理——西部地区的现实考量[M].北京：中国社会科学出版社,2011.

[59] 李克强.协调推进城镇化是实现现代化的重大战略选择[J].行政管理改革,2012（11）.

[60] 李克强.认真学习深刻领会全面贯彻党的十八大精神 促进经济持续健康发展和社会全面进步[N].人民日报,2012（11）.

[61] 孙育红.加快建设资源节约型环境友好型社会[N].人民日报,2010-12-8.

[62] 刘成军,孙育红.主导产业对城镇化的促进作用探析[J].理论月刊,2015（3）.

[63] 刘成军,孙育红.浅析城镇化进程中政府的生态责任[J].城市发展研究,2015（11）.

[64] 张全金.可持续发展与现代社会文明[J].上海社会科学院学术季刊,1998（2）.

[65] 刘卫星.生态文明建设的伦理解读——基于可持续发展的视角[J].贵州师范大学学报(社会科学版),2009（6）.

[66] 王正平.深生态学:一种新的环境价值理念[J].上海师范大学学报(社会科学版),2000（4）.

[67] 方世南,张伟平.生态环境问题的制度根源及其出路[J].自然辩证法研究,2004（5）.

[68] 王芳.结构转向：环境治理中的制度困境与体制创新[J].广西民族大学学报(哲学社会科学版),2009（4）.

[69] 李亚.论经济发展中政府的生态责任[J].中共中央党校学报,2005（5）.

[70] 高小平.落实科学发展观加强生态行政管理[J].中国行政管理,2004（5）.

[71] 陈治桃,李三虎.生态的政治化与政治的生态化[J].广东社会科学,2002（1）.

[72] 段昌群,杨雪清,张文逸.生态环境问题对新中国政治生活之影响——从政治生态学的角度分析[J].思想战线,2000（4）.

［73］张晓琴.生态政治:解决生态危机的根本途径[J].南京林业大学（人文社会科学版）,2004（4）.

［74］彭金玉.生态政治化：解决当代中国生态环境问题的根本途径[J].华北电力大学学报(社会科学版),2009（4）.

［75］俞可平.中国治理变迁30年（1978—2008）[J].吉林大学社会科学学报,2008（3）.

［76］田春秀编译.全球环境管理的现状与展望[J].环境保护,2003（11）.

［77］张淑琴.转轨时期政府在环境保护和生态环境建设中的作用[J].林业经济,2006（1）.

［78］周国梅.环境保护在构建和谐社会中的地位与路径选择[J].北京师范大学学报（社会科学版）,2009（3）.

［79］张坤民.当代环境管理要义之一：环境管理的基本概念[J].法制与管理,1995（5）.

［80］常纪文.中国环境法制的历史、现状与走向[J].昆明理工大学学报(社科版),2008(1)..

［81］周志忍.政府绩效管理研究：问题、责任与方向[J].中国行政管理,2006（12）.

［82］樊根耀.我国环境政治制度创新的基本取向[J].求索,2004（12）.

［83］刘京希.生态政治论[J].学习与探索,1995（3）.

［84］肖焰恒.生态工业理论及其模式实现途径探讨[J].中国人口、源与环境,2001（3）.

［85］陈柳钦,卢卉.农村城镇化进程中的环境保护问题探讨[J].当代经济管理,2005（3）.

［86］陈明星,叶超.健康城市化：新的发展理念及其政策含义[J].人文地理,2011（2）.

［87］王玉庆.生态文明——人与自然和谐之道[J].北京大学学报(哲学社会科学版),2010（1）.

［88］王世谊.论生态文明建设的重大时代意义[J].当代世界与社会主义(双月刊),2009(4).

［89］陈寿朋.巩固树立生态文明观念[J].北京大学学报（哲学社会科学版）,2008（1）.

［90］张月红.政治视域下的生态环境问题研究[D].南京：南京林业大学,2006.

［91］薛冰.地方政府环保绩效考核制度研究[D].青岛：中国海洋大学,2009.

［92］颜添增.我国政府生态职能探析[D].北京：北京林业大学,2010.

［93］赵海荣.农村生态环境问题的政治学分析[D].曲阜：曲阜师范大学,2009.

［94］李延辉.生态政治与人与自然和谐共处析论[D].长春：东北师范大学,2010.

［95］肖显静.生态政治——面对环境问题的政治抉择[D].北京：中国人民大学,2007.

［96］车越.中国东部平原河网地区水源地的环境管理:理论、方法与实践[D].上海：华东师范大学,2005.

［97］肖晓春.法治视野中的民间环保组织研究[D].长沙：湖南大学,2007.

［98］袁明鹏.可持续发展环境政策及其评价研究[D].武汉：武汉理工大学,2003.

［99］王潜.县域生态市建设中的政府行为研究[D].沈阳：东北大学,2008.

［100］黄晓云.生态政治理论体系研究[D].武汉：华中师范大学,2007.

［101］王库.中国政府生态治理模式研究以长白山保护开发区为个案[D].长春：吉林大学,2009.

[102] 许继芳.建设环境友好型社会中的政府环境责任研究[D].苏州：苏州大学,2010.
[103] 中华人民共和国宪法[Z].1982.12
[104] 中华人民共和国海洋环境保护法[Z].1982.8.
[105] 中华人民共和国水污染防治法[Z].1984.5.
[106] 中华人民共和国环境保护法[Z].1989.12.
[107] 中华人民共和国自然保护区条例[Z].1994.9.
[108] 中华人民共和国固体废物污染环境防治法[Z].1995.10.
[109] 中华人民共和国环境噪声污染防治法[Z].1996.10.
[110] 中华人民共和国节约能源法[Z].1997.11.
[111] 中华人民共和国大气污染防治法[Z].2000.4.
[112] 中华人民共和国环境影响评价法[Z].2002.10.
[113] 退耕还林条例[Z].2002.12.
[114] 中华人民共和国可再生能源法[Z].2005.2.
[115] 中华人民共和国城乡规划法[Z].2007.10.
[116] 中华人民共和国循环经济促进法[Z].2008.8.